中央民族大学国家级一流本科专业课程建设专项

优雅的文明

宋代女性服饰艺术

ELAGANT CIVILIZATION

THE ART OF WOMENSWEAR IN THE SONG DYNASTY

王苒 著

中央民族大学出版社
China Minzu University Press

图书在版编目（CIP）数据

优雅的文明：宋代女性服饰艺术 / 王苒著．

北京：中央民族大学出版社，2025.1. --ISBN 978-7-

5660-2485-5

Ⅰ. TS941.742.44

中国国家版本馆CIP数据核字第2024U19C40号

优雅的文明：宋代女性服饰艺术

著　　者	王　苒
责任编辑	黄修义
特约编辑	刘　霜
封面设计	王　苒　舒刚卫
出版发行	中央民族大学出版社

　　　　　　北京市海淀区中关村南大街27号　　　邮编：100081

　　　　　　电话：（010）68472815（发行部）　　传真：（010）68933757（发行部）

　　　　　　　　　（010）68932218（总编室）　　　　　　（010）68932447（办公室）

经　销　者	全国各地新华书店
印　刷　厂	北京鑫宇图源印刷科技有限公司
开　　本	787×1092　1/16　印张：13.75
字　　数	206千字
版　　次	2025年1月第1版　2025年1月第1次印刷
书　　号	ISBN 978-7-5660-2485-5
定　　价	168.00元

王苒，1990年生于山东济南，现为中央民族大学美术学院师资博士后，研究方向为中华民族服饰艺术与设计美学。

2013年毕业于东华大学服装与艺术设计学院服装艺术设计系，获学士学位。

2017年毕业于清华大学美术学院染织服装艺术设计系，获硕士学位。

2018年毕业于意大利多莫斯设计学院时尚管理系，获硕士学位。

2023年毕业于清华大学美术学院染织服装艺术设计系，获博士学位。

序

　　经过长时间的研究与精心打磨，王苒老师的《优雅的文明：宋代女性服饰艺术》一书终于出版，我有幸受作者委托为此书作序。王苒老师长期潜心于中华民族服饰艺术与设计美学研究，博士研究生就读于清华大学美术学院，其间师从肖文陵教授，由此培养了在民族服饰文化当代性领域丰富的研究基础，具有很好的学术素养。本书内容聚焦于中华民族服饰美学的探究，以优雅美学的鼎盛时期宋代的女性服饰艺术为研究对象，创新性地提出优雅是文化的精髓，优雅更是中华服饰文明的审美核心价值，大胆提出文化精髓是造物思想的基础，揭示了优雅风格的本源及特征规律，为重塑当代中华民族服饰美学价值体系做出了贡献，具有较高的学术性与前瞻性。

　　中央民族大学在国家级一流学科建设的工作中始终坚持美美与共、传承创新的宗旨，服装与服饰设计专业不断地探索理论与实践教学改革发展路径，中华民族服饰美学是服装与服饰设计专业的核心课程内容之一，书中绘制了大量的优雅风格宋代女性服饰图示，包含图案、款式与结构线描图，以及服装与服饰彩色效果图，层层深入，从单一到综合的表达方式，便于读者学习，使学生对宋代优雅美学形成清晰的认识，感受中华传统服饰的力量，对设计教育意义深远。

　　《优雅的文明：宋代女性服饰艺术》是一部深刻阐释中华服饰文化发展历程中美学核心价值的著作，优雅美学的提出是基于中华民族服饰文化多元一体化格局层面的思考。本书不仅可以作为服装与服饰设计专业的教材，同时也为中华民族服饰文化的传承发展指明方向，为产业的设计创新提供一定的参照，具有实际的应用价值。

李　洁

2024年11月于中央民族大学

前　言

　　在当今民族复兴与文化自信的语境中，文化传承的价值核心愈加重要。文化精髓是中国人精神世界的深度提炼，是中华民族共同体意识的集中体现，它构筑了中华美学的坚实框架及审美标准，是当下中国艺术设计追求自我意识觉醒和独立发展的根本。以此为基石进行的价值创新，是确保文化得以持续发展、保持独特生命力的关键。这驱使笔者深入中华民族服饰文化的历史发展脉络，探究其蕴含的美学品格——优雅的文明。

　　宋代是优雅风格走向全面成熟的阶段，优雅不仅在诗、书、执礼中得到充分体现，更在日常物质生活，尤其是女性服饰中形成优雅面貌的盛景，成为一种社会风尚。文化精髓是造物思想的根本，宋代优雅风格的女性服饰艺术对当下文化的再生产具有重要的参考价值。服装与服饰设计承载着传递文化精髓的责任，深入挖掘具有代表性的、标识性的文化符号，由价值到形式对文化精髓溯源，为民族服饰文化产业发展的未来指明清晰的方向，满足人们文化消费的深层需求，对于民族服饰文化的守正创新具有重要的价值。

　　对优雅文明的深入探索，意味着本土文化的深刻觉醒，其蕴含着中国风格的核心问题，即到底传承什么风格。本书以中华民族服饰艺术的精髓，优雅的典范——宋代女性服饰艺术为研究对象，从哲学、美学、设计学、服装学多维度探索中华民族服饰艺术与设计美学的内核，由宏观到微观，从文化价值到艺术形式，总结出优雅的基本规律及其表现形式。根据宋代文献、绘画、实物等资料，绘制了大量的优雅风格的宋代女性服饰图像，图文并茂，为文化的再生产提供直观的、便捷的范本资源。从文化精髓的探究到文明的传播，优雅为中华民族服饰文化的传承发展指明了前行的道路，同时也为全球文化的多元化构建提供了价值基础。

目　录

优雅的文明
从文化价值到艺术风格

　　优雅是中国文化的精髓，是历史上"东风西渐"的核心价值。优雅的精神一脉相承，根植于中国文化的基因中，历经数千年，是中华民族审美品格之筋骨，是民族文化保持独特生命力的价值基石。优雅的文明表达从文化价值到艺术形式，影响深远，其背后蕴含着深植于中国传统文化精髓的重要价值与文化意义。

一、优雅的文化基因

（一）优雅的来源

"优雅"指优美雅致、优美高雅，在现代汉语中通常作为形容词使用，描述场景、姿态、行为，例如歌声优雅动听、优雅的环境等。[1]

从语言学的角度，"优"具有美好、丰裕富足之意，"雅"则形容标准的高尚不俗气。优雅隐含赞赏、肯定、美好等意味，是生活中常用的褒义词。优雅的出现可追溯至周朝，但在古代汉语中，"优"与"雅"通常分开使用。事实上，"优雅"是近现代中西文化交融下的新词语，是一个组合词，常形容审美的状态，表现为秀美、雅致、柔和、文质彬彬。[2]

从美学的角度来看，"优雅"中的"优"专指"优美"，优美的概念由王国维先生首次提出，他指出审美的境界，并对"优美"与"壮美"作出区分，认为优美形容的是婉约、柔和、含蓄，壮美则形容宏大、雄伟、崇高。中国的诗歌、绘画、工艺美术更倾向于优美，与文人追求温文尔雅的气质之性深度关联。"优雅"中的"雅"指"雅致""高雅"，倾向于审美志趣的不俗气、修养的高尚。而作为组合词的优雅，进一步明确了美学品格的倾向，使其更加鲜明。

从当下的语境来看，人们对于"优雅"一词并不陌生，这是源于18世纪后，随着全球化背景下西方文化的传播，作为文明象征的"优雅"，成了塑造

---

① 字词语辞书编研组编著：《现代汉语词典》，湖南教育出版社，2016年，第1541页。

② 朱立元：《美学大辞典》，上海辞书出版社，2010年，第61页。

高品质场景的理想状态，如法国时尚品牌不断传播优雅文化，"优雅"的英文词"elegant"出现于全球各大文化场景中，表示高品位、高贵与精致，优雅在现代生活中甚至成了日常的惯性表达。

优雅在中国语境中的出现于近代。深通中西方文化的辜鸿铭先生于1915年在《中国人的精神》中将中国文明的主要性概括为"优雅"，他认为，从全球范围来看，只有中国人与法国人是优雅的，中国人的优雅历经数千年文化的沉淀，而法国人的优雅是从中国学习而来的。其见解虽带有一些个人色彩，但中国优雅的美学的确对西方世界有重要影响，例如伴随丝绸之路的开通，中国的丝绸、茶叶、瓷器等商品流通至海外，使得西方认识到中国的优雅，并产生了敬仰的心态，将中国的优美雅致视为审美的理想。无论中国文化或西方文化对优雅有何种解读，优雅精神构建之源头都指向了中国文化的深处，值得深入探寻其本源与文化基因，挖掘优雅的生成语境与审美风格。

（二）优

"优"字最早见于金文，形体为小篆，繁体字写作"優"，由"憂"字派生而来，描绘出与人的情感或行为，随着语言的发展，逐渐有了充足、协调、美好之意。在《说文解字》中，"优，饶也"①，"优"表达富饶、丰裕；在《小尔雅》中，"优，多也"，优形容丰富、富足；《广雅》"优，渥也"，优代表着丰厚、渥惠；《淮南子》"其德优天地而和阴阳"，"优"指调和，在高诱为《淮南子》作的注中，"优，柔也。和，调也"，"优"被进一步解释为和顺、协调；在《尔雅》中，"优优，和也"，"优"字同样表达调和的意思；在诸葛亮《出师表》"优劣得所"及韩愈《驽骥》"人皆劣骐骥，共以驽骀优"中，优与劣形成对比，"优"字表示"美好、优秀、上等"的意思。"优"字承载了丰富的文化内涵与价值，常出现在古代重要典籍的相关论述中，如《论语》中"仕而优则学，学而优则仕"，将学习、优秀、仕途联系在一起，能够看出"优"字在

---

① [汉]许慎：《说文解字》，蔡梦麒校释，岳麓书社，2021年，第352页。

中国传统文化中的重要地位与影响力。

"优雅"中的"优"更多指向了审美，意为"优美"。优美是美的一种常见形态，常与崇高相提并论。它具备和谐统一的显著特征，通常被理解为典雅美、秀美、柔和之美。学者杨春时在总结什么是优美时曾谈道："当我们说美时，通常就是说优美。"的确如此，中国传统文化中对美的追求往往是含蓄、和谐的，美学家朱光潜将这种美比作"春风细雨，娇莺嫩柳"，如赵孟頫的书法，疏朗有致、平衡、秀美。优美通常是偏静的状态，这种静并非静止不变，而是在达到一种有序的和谐状态时，所展现出来的主静的特质，其核心在于内核的稳定，本质是阴阳的平衡。这种平衡不仅体现在精神层面，更表达在礼仪规范、制度和审美风格等具体实践中，优美给人以从容的、美妙的感受。

（三）雅

"雅"字可追溯至春秋时期的金文，初期以牙为雅，"雅"字由"牙"演变而来，本义与乌鸦有关，《说文解字》："雅，楚乌也。"后来"雅"字引申出多种含义，意为标准的、不俗的、美的意趣。"雅"字最早明确见于《诗经》之中，《大雅》《小雅》收集了诸多西周时期上层贵族的乐调，代表着周王朝以雅作为审美的基调；"雅"字与儒家思想密不可分，如在《论语》的"诗、书、执礼，皆雅言也"中指合乎规范、恰当的标准语；在《荀子·儒效》的"有俗儒者，有雅儒者"中表示仪态、气质的不俗；在陆云《为顾彦先赠妇诗》的"雅步擢纤腰"中，形容高尚美好的步伐、姿态；亦有《汉书·张禹传》中的"勿忘雅素"，将"雅"视为平素。随着历史的发展，"雅"字也应用于更广泛的语境中，训诂学著作中多有名"雅"的书，如《尔雅》《广雅》《通雅》。雅是文学艺术的重要范畴之一，渗透至社会生活的各个层面，体现了中国人对美好的向往和崇尚，甚至成为对理想人格的追求。

在"雅"字的众多解释之中，"雅正"的出现使得"雅"成了正统规范。"以雅为正"在中国历史文献中被多次提及，如《毛诗序》的"雅者，正也"，《集韵》的"雅，正也"，其中的"雅"字指正确、规范；在《白虎通·礼乐》的

"雅者，古正也"中，"雅"字意为传承古人之规范；而《风俗通·声音》的"雅之为言正也"则以雅作为标准的语言。雅致的审美情趣深植于中华文明之中，延绵不断。近代严复在《天演论》中将翻译的标准定为"信、达、雅"，"雅"字表达了语言应坚持雅致的美学风格。"雅正"这一概念进一步巩固了"雅"的地位，明确地将"雅"视为文明的标准与规范，"以雅为训"即将雅作为规范和标准，雅包含着宇宙万物的道理与原则，成了中华民族长期以来的至高追求，体现在道德、审美文化的多个层面之中。

二、优雅文化精髓的价值

（一）优雅的文化精髓

人类对于文化的探究是一个深远、复杂、持续的过程，关于文化的起源与形成，生物学、哲学、社会学、艺术学等不同学科领域，都有着各自独特的见解和理论。综合这些不同的观点，我们可以得出一个基本共识：文化的产生离不开人类的劳动创造，它是人类历史的长期沉淀与锤炼的产物，具有稳定性。广泛而言，文化指人类在社会历史过程中所创造的物质与精神财富的总和。[①]在语言学领域，"精"字原本意指经过细心挑选的米，正如《说文解字》所述："精，择也。"它象征着经过提炼、品质上乘、优质的事物，"精"字凝结了最为精粹、杰出的部分。"精髓"一词源于中医学理论"精气足而生髓"，指精气充盈则能生成髓质，髓质滋养骨骼，又能生发血肉，被视为一切生命的本源。精气真髓比喻事物的精华，代表生命中最为关键的核心要素。"精髓"意为经过提炼的、优质的、关键核心，具体到"文化精髓"，它代表了一种文化中最为本质、最为优质的精华部分，是文化的根脉。文化精髓蕴含着文化的核心价值观及主要性特征，是文化得以传承和发展的重要基石，它体现了文化的独特性与智慧，是文化身份和文化自信的重要来源。国家对文化精髓十分重视，如"提炼展示中华文明的精神标识和文化精髓，加快构建中国话语和中国叙事体

[①]　商务印书馆辞书研究中心：《新华词典》（修订版），商务印书馆，2001年，第1028页。

系……"①文化精髓的提炼是对文化深层价值的探索和坚守，是文化主体性意识的觉醒，更是一种责任和使命，它承载着文化的深厚内涵，映照着民族的精神，同时对推动世界文化的多样性和人类文明的进步，具有深远的意义。

优雅是中国文化的精髓，优雅的文化基因深植于中华文明之中，其精神本源可追溯至中国人精神世界的建构之初，《易经》所阐述的阴阳平衡学说，深刻地揭示了自然界与人类社会中的平衡关系，万物皆由阴阳构成，强调和谐与秩序，这种平衡使得宇宙能够有序运行，万物得以生生不息，奠定了优雅风格之协调、平衡、和谐的哲学基础。《诗经》中对天下之事谓之雅的阐释，则将优雅的概念从抽象的哲学层面具体化为社会行为与审美的准则，优雅被推崇为一种广泛适用于社会各个领域的价值标准，这种价值观深深地影响了中国文化，使得优雅逐渐成为一种社会风尚和道德追求。在儒家"雅正"思想的推动下，优雅的地位进一步提升。《论语》中强调通过行为规范与礼仪的践行，达到内外兼修的优雅境界，使优雅成为一种具有哲学深度的文化体系，以及衡量事物是否合乎道理、是否具备美感的最高准则。"以雅为训"贯穿了中华民族的道德伦理与美学追求，雅言、雅乐等文化形式被确立为中华民族共同的审美标准。《周礼注疏》中提出"雅，正也，言今之正者，以为后世法"②，意味着后世要以优雅作为准则，将优雅的文化精髓代代相传。在古代汉语中"雅"与"夏"字通假，如《诗经》中的《大雅》《小雅》，被写为《大夏》《小夏》，这一语言现象深刻体现了中华民族对优雅的追求与坚守。与"雅"的显性表达不同，"优"以一种隐性脉络的形式存在于中华美学之中，优美是中华之美的普遍性特征，"优"字本身隐含的层次划分，更加强调文化的品质，指向优质、美好、精粹，为"雅"的层次做了明确的界定，即"优质之雅"。"优"和"雅"虽以不同的方式存在，但它们共同构筑了中华民族的性格特征，文化精髓蕴含着精神世界与物质世界的统一，优雅是中华美学的精神本源，也是中华民族过

---

① 习近平总书记在中国共产党第二十次全国代表大会上的报告《高举中国特色社会主义伟大旗帜 为全面建设社会主义现代化国家而团结奋斗》。

② [东汉]郑玄注，[唐]贾公彦疏，[唐]陆德明释音：《附释音周礼注疏》卷23，收入《四部备要》第1册，中华书局，1936年，影印本，第147页下栏。

去几千年来的主要性特征。因此，优雅风格在中国传统文化中是一种贯穿始终的精神追求，它源自古人的智慧，经过历代先贤的阐释与实践，最终形成了一套涵盖哲学、文学、艺术、礼仪等多个领域的优雅体系，成为中国文化的精髓。

（二）文化精髓是造物思想的根本

中国的造物活动有着独特的价值体系，无论是瓷器、织绣还是家具，都体现着对优雅的审美追求。中国文化强调价值与形式的统一，这种理念贯穿于艺术、文学、哲学乃至日常生活的方方面面，如宋代苏轼所言"文如其人"，表达了外在表现与内在秉性相统一的关系，更体现了造物思想与物质形式的统一，即优雅的思想造就了优雅的风格。

文化精髓是造物活动的价值中枢，是造物的指导思想和原则。在中国传统语境中，造物活动被赋予了深厚的哲学意义和文化价值，《周易》中所言"圣人造物"，视造物为一种神圣且具创造性的力量，这种力量是人类意志的延伸与体现，是思想主导下行动的产物。换言之，人的意志被视为行动的先导，造物过程本质上是一个将内在思想转化为外在物质形态的实践过程，即"造物思想 — 方法路径 — 物质形式"，造物思想即心理预设的目标或愿景，它蕴含了人类对理想形态的构想与追求，为了实现这一目标，采取一系列方法与行动，将抽象的造物思想付诸实践，转化为具体的物质形式。进一步而言，造物思想决定了造物活动的具体结果，经过长时间的积累与沉淀，思想（精神）与结果（物质）共同形成了一种文化，而其中那些最为核心、最为精华的部分，经过历史的筛选与提炼，最终凝结为文化的精髓。

优雅的文化精髓是文化传承的价值核心，更是造物思想的根本。历代典籍中对优雅的诸多记载表明了优雅的精神意旨，如《后汉书》中的"器用优美"，以及冠以雅称的形容 ——"雅言""雅室""雅集"。一个民族的文化，历经世代的沉淀与积累，会形成一定的文化传统及鲜明的特征，这种文化的主要性特征是文化的精髓，它使得我们的文化表征呈现出一定的相似性，即优雅风格。

文化精髓代表了人类智慧与创造力的巅峰，是文化传承与发展的重要基石。文化精髓是造物思想的根本，正是源于对文化精髓的坚守，我们的文化才能一脉相承。它联系着整个民族的共同意识，无论时代如何变迁，社会风貌如何更迭，优雅的文化精髓使得造物的思想与行动始终保持着统一性、连续性、稳定性。

三、优雅的艺术风格

（一）优雅的文学表达

文学作品是现实的镜像，更是情感与深层需求的表达，生动地映照出人类精神生活与物质生活的种种面貌，以文学的形式呈现着优雅的艺术风格。在中国传统诗词歌赋作品中，以优雅为审美标准和创作理念的范例层见叠出。从西周《诗经》中优雅美学的初现，到唐诗宋词中优雅的绝唱，再到明清文学对优雅精髓的承传，无不彰显着文人墨客对优雅风格的理想追求。

作为儒家经典的《诗经》，在儒家教化体系中扮演着重要的角色。它用精练的语言、生动的形象，描绘了古代社会的风土人情、道德与审美观念，深受历代文人的推崇，以至对其研习不辍。《诗经》的内容共分为《风》《雅》《颂》三个部分，其中《雅》作为正统的标准乐，又有《大雅》《小雅》之分，在《诗经》中，以"雅"为标题的作品占据了整部诗集的大约三分之一，其句式对称、音韵整齐、阴阳平衡。例如："采薇采薇，薇亦柔止。曰归曰归，心亦忧止。……昔我往矣，杨柳依依。今我来思，雨雪霏霏。"[1] 含蓄隽永，借景抒情。"江汉浮浮，武夫滔滔。……江汉汤汤，武夫洸洸。"[2] 意深笔曲，通篇极雅。这些高雅的内容及含蓄细腻的表达，呈现出古代上层社会的雅言、雅乐的标准，其音韵和谐而考究，得体、恰当、富有节奏感，会使听者感到悦耳动

---

① 周啸天评注：《诗经》，四川人民出版社，2020年，第122—123页。

② 吴广平、彭安湘、何桂芬导读注译：《诗经》，岳麓书社，2021年，第136页。

听、舒缓与美妙。这些被冠以"雅"之名的作品，作为周朝宫廷音乐的标准，反映出当时社会的审美追求和文化价值观，更体现了"优雅"在中国文化中的崇高地位与广泛的价值认同。

在唐诗宋词之中，优雅的文学到达巅峰，传达出文人士大夫追求的审美理想，成为后世文学创作的楷模，传承《诗经》中"赋、比、兴"的创作手法。"赋"即铺陈叙事，通过平铺直叙描绘具体事物；"比"即通过比喻使抽象事物具体化，以景抒情，生动形象地表达真实感受；"兴"即用事物起兴引入主题，营造氛围。例如，李白的《望庐山瀑布》中，"飞流直下三千尺，疑是银河落九天"以银河来比喻瀑布，为直叙的事物增加了含蓄的色彩，赋予诗歌丰富的想象力；韩愈《早春呈水部张十八员外》中，"天街小雨润如酥，草色遥看近却无"以遥观与近察之景，比喻理想与现实之异，用词优美雅致，音韵和谐，句式工整，文字精练，意味无穷，引人遐思。宋词更将优雅的想象力发挥到极致，例如辛弃疾的《青玉案·元夕》中，"东风夜放花千树，更吹落、星如雨"，以花树比喻灯火，以星雨比喻烟火，种种丽字用象征、借代等手法传递出美妙的意境，含蓄之至；李清照的词更是高度婉约与内敛，《如梦令》中，"昨夜雨疏风骤，浓睡不消残酒"，以夜间风雨的情景，抒发词人的真情。中国文学自古以来便以含蓄蕴藉为美，不轻易直白流露个人情感，婉约细腻的表达方式避免了冲动与鲁莽，映射出作者深厚的修养与深思熟虑的智慧。唐宋时期，是中国诗词的黄金时代，儒家思想倡导的温文尔雅、恰如其分，在唐宋诗词中得到充分的体现，一唱三叹，意味深长，其优雅的艺术风格对后世产生了深远影响。

明清时期，中国的散文小说艺术达到了前所未有的高度，涌现出众多优雅风格的文学作品，其中尤以《红楼梦》为代表，例如林黛玉的"一朝春尽红颜老，花落人亡两不知"，以春天和花朵隐喻命运，情感深沉，意境优雅，体现了文人雅致的情怀。优雅风格渗透在小说的人物形象、空间环境，以及日常生活的方方面面：大观园中山水、花草与建筑相得益彰，亭台楼阁，廊檐水榭，环境优雅；贾宝玉、薛宝钗、林黛玉等主人公举止优雅，呈现出浓郁的人文气质与优雅风采；焚香、品茶、听雨、诗会等雅事成为生活中的重要组成部分。

王国维先生将《红楼梦》视为中国文学中优雅风格的代表，传承了中国文学的优秀传统，更以其独特的艺术魅力震撼世人，所展现出的一种超越自我、无我的物我观照境界，正是优雅风格的内在品格。

（二）优雅的空间艺术

中国传统空间艺术的营造遵循着一定的范式，例如宋代李诚编修的中国古代建筑学集大成之作《营造法式》，对营造空间的各个方面，包括制度、构件、材质、色彩、施工方法等都有详尽的规定：材质，使用木质和竹子，取自自然的材料质感温润，能够与周围的自然环境相融合，创造出一种不生硬、和谐共生的建筑风貌；色彩，以传统"五色"为基准，反映出古人对自然和社会秩序的尊重，以及对和谐、平衡的追求；尺度，将"材"作为度量衡的标准，使得施工更加规范和标准化，并且视具体情况加减，规范而又灵活。建筑的布局、空间的划分，力求达到适度的、恰到好处的审美尺度，体现出一种文人气质的优雅情趣。优雅造物思想在空间艺术中的呈现，与诗词歌赋的艺术形式保持着高度一致的品调，展现出深厚的文化传统与审美的连贯性。随着士大夫文化的勃然兴起，"以雅为训"的价值观念将这种审美意趣融入社会生活，通过自身的言谈举止、生活方式及艺术创作，塑造出优雅的生活空间，尤其是江浙一带，士大夫文化体系趋于完善，他们秉持着优雅的审美格调，精心营造园林居室，巧妙陈设器用，表现一种和谐共生、温文尔雅的气质。

优雅的空间艺术在中国传统建筑中得到充分展现，晋代的兰亭（位于今浙江绍兴）与宋代的西园（位于今河南开封）被誉为优雅的典范，其建筑空间营造展现出极高的艺术水准，无论是从文徵明的绘画作品《兰亭修禊图》，还是从李公麟的《西园雅集图》中，都能够看出优雅的空间艺术具有一定的规律：外部空间讲究依山顺势、因地制宜，亭台楼阁与周围的山水相映成趣，追求人与自然和谐相处，既符合自然规律，又富有人文情趣；内部空间布局注重虚实相应，运用屏风、博古架等巧妙地分隔空间，层次丰富，兼具开放性与神秘性，营造出优雅的环境空间。兰亭与西园在中国传统建筑史上举足轻重，吸引了众多文人士大夫们前往欣赏自然美景，进行艺术创作、文化交流等。例如，著名的文人盛会"兰亭雅集"，王羲之、谢安、孙绰、王献之等文人名士集结于此交流畅谈，饮酒赋诗，王羲之挥毫泼墨创作出著名的《兰亭集序》。"西园雅集"同样为文人们提供了理想的艺术空间，王诜、苏轼、苏辙、黄庭坚等文人雅士吟诗作赋，品茗论道，创造出诸多影响后世的作品。雅集作为一种文化现象，体现出士大夫们对于优雅空间艺术的追求，成为后世文人雅士向往和效仿的典范。

造园是一个创造天人合一生命体的过程，园林中的风景、物象与建筑，皆承载着造园者的人生态度与审美品格。园林的兴盛始于明代，江南地区士大夫们经济富足，带动了园亭的营造，私家园林星罗棋布，亭台楼阁遍布，尤其是苏州园林，例如拙政园，以水为中心，假山及庭院建筑萦绕其间，空间的开合、明暗、高低等变化丰富，错落有致，水的流动与倒影映射出富有层次感的空间环境，园内曲折的小径，贯穿起亭、台、楼、阁、廊、榭等建筑，曲径通幽、花木并茂。雅室串联起园林空间的文化脉络，门庭雅洁，房舍安静，室内家具陈设讲究方位与层次的合理搭配，书斋之内蕴含着文人志士的深远情致，设有笔、墨、纸、砚、梅、兰、竹、菊、茶具等能彰显君子雅趣的陈设，佳木怪竹，各有所宜，内外环境共同营造出优雅意境。

（三）优雅的书画艺术

中国传统绘画艺术蕴含着深厚的哲学思想、历史传统、审美观念、人文精神等内涵，创作题材丰富多样，无论是山水、人物，还是花鸟鱼虫，都鲜明地呈现着文化精髓——优雅风格。其具体特征如下：其一，意境深远，画面质感具有抽象性，追求生动的气韵，通过简洁的线条与墨色变化，勾勒山水的空间层次，注重表现画面的祥和与生机盎然，山川草木、云烟流水中蕴含着勃勃生机，以笔触表现气势与力量，传递出超越现实的生命力。其二，构图平衡，空间关系的处理十分讲究，在平面中创造空间深度和广度，注重画面的整体性，各部分要服从整体构图的协调，追求视觉上的平衡，通过留白的手法，为画面增加灵动的气息，给人留下无限的想象空间。其三，笔墨适度，意在笔先，有的放矢，用笔刚柔并济，既不用力过猛，也不显轻飘轻浮，线条韵律节奏既有变化又和谐统一，浓淡干湿恰到好处，层次丰富，用毛笔抒情。

中国传统书法艺术视优雅风格为理想，书法之美在于人的优雅性情，正所谓"人正则书正"，心为人之主导，心正则人品正，毛笔是书写工具，笔法正则书法自然端正，而人的行止的合情合理、恰到好处，源于内心的优雅秉性。这是因为秉性决定性情，性情决定笔势，书法是人内心的真实写照，理念决定形式，具有君子品格的优雅的人，才能创作出优雅的作品。现代美学家朱光潜先生认为，赵孟頫书法堪称优雅之典范，形正不偏斜，行笔平稳，协调匀称，起伏有度，疏朗有致，墨色温润，不瘟不火，平衡适度，其作品流露出从容、温润、恬静的优雅气质，这与赵孟頫具备儒家理想的君子品格相一致。君子的书法，追求阴阳调和、刚柔并济、轻重均衡、缓急适度，如同君子的学养才情，行为举止温文尔雅、文质彬彬、风度翩翩，恰合中庸之道，尽显优雅之美。

文人画是中国传统书画艺术中优雅美学的典范，又称"士夫画"，为士大夫文人雅士之作，是士大夫们抒发内心修养、个人情操与哲学思考的方式。文人画以优雅的书卷气质作为评价标准，是君子的精神寄托，讲究书画同源，绘画与书法在画面中相称，是一种综合的意象表达艺术。在题材选择上，文人画倡导"师法自然"，以山水为主要描绘对象，表达君子广阔的胸襟与高尚的情操，通过人与自然的拥抱，表现君子淡泊名利、超然物外的情感态度。创作手法以写意为主，追求"意在笔先"，即通过精练的笔法、流畅的线条，表现物象的精神特质与艺术意象，运用留白营造遐想的空间，且题诗于画，书法直抒情感，与画意相得益彰。文人画是文人雅士对自然、社会深刻洞察后的抒情表达，通过这种独特的艺术形式，来展现君子理想的人生价值与境界，传承优雅的君子品格，展现出超越现实的艺术精神，对优雅的艺术风格产生了深远的影响。

（四）优雅的生活方式

优雅生活方式的向往与践行，是文人雅士对生活品质和雅正精神的追求，体现在社会生活的各个方面，如文人墨客外出时，常随身携带笔、墨、纸、砚，无论是面对自然还是友人，能够随时作诗题字，这种习惯不仅展现了对文化艺术的热爱，更体现出对生活保持热忱的优雅态度。在社会生活中，对尊重与礼貌的倡导，使得生活秩序井然，人们相处和谐，"有礼有节"是对优雅行为举止的赞誉，更是内在优雅品行的流露，士大夫们作为践行者，使得优雅成为一种生活理念。在节日庆典时，这种优雅的生活方式展现得更加鲜明，如新年花灯，用文人画制作的花灯之火，不仅照亮了夜晚，更将优雅的意境融入日常生活。士大夫们热衷于行各种雅事，焚香、品茶、莳花、挂画，被称作君子四大雅事。

君子四雅，焚香为首。中国的香文化源远流长，被尊为"香道"。香的种类丰富多样，以沉香为贵，与之搭配的还有香炉、香熏、香几、香盒、香囊、香压等优雅风格的香器。焚香的文化传统可追溯至春秋时期，调香、焚香、评香在唐代发展成为高品质的艺术，焚香雅事逐渐形成并兴盛。到了宋代，香道已经成为一种生活方式，文人们常聚在一起品评焚香，在青烟袅袅的香气中谈经论道。焚香时，要缓缓加热，使香气在空气中悠然弥漫，营造出一种优雅的氛围，适用于文人静坐细品。焚香可以醒脑清神、净化空气，散发出的香味具有沉静的功效，能够使人心平气和，尤为君子们所钟爱。例如，苏轼常以沉香为伴，焚香作赋，修身养性；齐白石也曾提及缭绕的香能使人的精神得以沉浸，现实与想象之间的界限变得模糊，仿佛进入超然的境界。

饮茶之雅，品茗论道。中国的茶文化影响广泛。自西汉时期便有文献记载饮茶之事。东晋时期，江南富庶之地的文人雅士喜爱在山水间品茗清谈，茶的清雅被赋予了精神寄托，成为文人墨客优雅生活的一部分。唐代是茶文化发展的重要时期，茶的醇香与淡雅受世人赞誉，"斗茶"游戏兴起，成为一种雅事。还有专门的《茶经》，包含关于制茶、饮茶及品鉴等内容。至宋代，宫中设立了专门管理茶事的机构，品茶礼仪规范化，宋徽宗赵佶所著《大观茶论》表达了对茶道的赞赏，社会上盛行品茗之风，品茶可使人内心宁静。中国的茶树种植面积之广，涵盖了华南、西南、江南、江北等地区，从制作工艺上有绿茶、红茶、黄茶、黑茶、青茶、白茶等多种分类，茶器也十分讲究，有风炉、笪、炭、火等二十四种。宋代的点茶活动将饮茶这一雅事的礼仪性与艺术性推向极致。点茶注重手艺制作过程，经炙茶、碎茶、碾茶、罗茶、入盏、注汤、击拂、置托等多道工序，在茶与水交融过程中，原本朴实的茶叶被赋予了极高的价值，色香味俱全。在文人雅集或茶会上，点茶活动成为情感交流的媒介，使人在优雅的氛围中回味无穷，成为中国人"意在物外"的生活艺术。

莳花之雅，以物喻人。莳花是一种园艺活动，通过亲手播种、浇水、施肥、修剪，与自然建立起紧密联结，在日常生活中体验自然的生命力，有助于放松心情，享受人与自然的和谐相处，成了士大夫们修身养性的生活方式。在中国传统文化中，花卉常被赋予深厚的象征意义，如梅、兰、竹、菊表达了高洁、贤达、坚韧、淡泊名利的君子品格，文人墨客常以花卉为题材，陶渊明、周敦颐、王羲之、陆游等都对花卉情有独钟，创作了大量的诗词和书画作品，流传至今。此外，莳花也是一种社交媒介，讲究花卉的构图疏朗有致、线条优美，通过交流种植心得、审美品位，能够增进友人之间的情感，丰富生活雅趣，文人雅士常用莳花来寄托自己的情感和理想，抒发内心的情怀。

挂画之雅，营造氛围。挂画活动通常与雅集相伴，能够营造出优雅的空间氛围，同时又有一定的叙事性。士大夫们喜爱收藏名家书画，将其视为文化传承与个人品位的象征，并置于案头、挂于墙壁等家中各处，例如米芾对古画近乎痴迷，常竭力求取珍品。这些文人雅士在举办雅集、文会等活动时，会将自己的珍藏展出，分享和交流艺术见解，这种展示与交流的方式，被雅称为"挂画"。挂画对文人的审美品位、布局搭配、空间感知，以及对画作理解深度有着极大的考验，讲究内容与展示形式的和谐统一，与周围的环境、色彩搭配须相得益彰。挂画是文化品位和艺术修养的直观体现，一幅恰到好处的挂画，能使人在生活中感受到艺术中的人文精神，为空间增添优雅的韵味。

雅事繁多，各有风韵。还有听雨、抚琴、诗会、酌酒等各项雅事，听雨时，静静聆听大自然的乐章；抚琴间，情感随音符沉醉；诗会上，吟诗作赋、以诗会友；酌酒时，曲水流觞、杯酒交融。通过这些优雅的生活方式，人们的精神层面能够得到更好的满足，体验和享受到人生的美妙。这些优雅的生活实践，逐渐形成了一种优雅的生活态度，包括服饰艺术，文人雅士以此塑造优雅的形象，进一步诠释着优雅的品格。

　　"优雅的文明"是一个相对独立的研究领域，是基于民族团结层面的文明共性与普遍性的思考，优雅是在中华民族本土文化中自性生发而来，作为造物的指导思想，塑造了中华文明的艺术审美观，成为中华服饰文明的精神本源。

优雅的本源
宋代女性服饰艺术的内核

　　优雅的宋代女性服饰艺术是一种文化自觉的体现，是对文化精髓和生活美学的深刻理解与实践。宋代女性服饰优雅风格的发展与经济紧密相连，随着商业的繁荣与朝贡体系的出现，优雅的文化不断地传播，深入人心，从文人雅士到百姓，都受到优雅风格的影响。优雅风格的服饰艺术与文化价值，至今仍被世人推崇和模仿。因此，优雅的本源值得深入探究。

一、礼的秩序

（一）礼与秩序

中国传统服饰文化与"礼"紧密相连，而"礼"起源于周初，为维护社会道德秩序与行为规范，有一套完整的典章、规范与制度。自汉代以来，儒家思想逐渐在中国哲学体系中起到主体作用，被作为教化准则广泛使用。"礼"作为儒家思想的核心，不仅是对道德与行为的约束，还体现着审美的价值准则，体现在人的外表上。冯友兰曾指出，儒家的"礼"是一种表达情感的艺术，其功能在于使人变得"优雅"，因此可以说，有"礼"才有"优雅"。服饰作为文化的外在表现形式，通过遵循"礼"的规范，优雅的审美观念得以具体化。正如《周礼》《礼记》等文献所述，"内司服掌王后之六服：袆衣、揄狄、阙狄、鞠衣、展衣、缘衣、素纱"[1]，"天子龙衮，诸侯黼，大夫黻，士玄衣纁裳"[2]，依据穿着者的身份地位与社会职能，对其服制有着详尽的规定，这些规定在很大程度上规范了人们的行为举止，尤其是士大夫阶层，以君子的品格为基准，对礼服与常服都有严格的规定，涵盖了款式、结构、色彩、图案及配饰等。例如，在饮食、饮酒等场合，礼服中典型的大袖衫造型能够遮挡不雅行为，诠释出"礼"的功能，维护社交场合的秩序与雅致。服饰作为区分社会身份角色的工具，时刻提醒每个人应恪守其名分，这种"礼"的秩序、"正名"的思想，

---

① 《周礼·仪礼》，崔高维校点，辽宁教育出版社，1997年，第14页。
② [西汉]戴圣编著：《礼记》，崔高维校点，辽宁教育出版社，2000年，第82页。

实质上是对"雅正"的追求，它要求行为举止体现出对人与自然的尊重与仁爱，通过这种服饰文化的熏陶，士大夫阶层及整个社会都得以在"礼"的规范下，培养出一种内外兼修的优雅气质。在中国的哲学体系中，个人的德行与社会秩序是统一的，礼的秩序通过服装的外在形式得到了清晰的表达，而其内在的实质是"仁"，孔子以"仁"释"礼"，即这种礼的规范实质是一种充满情感的善的自觉，具备通情达理、善解人意的品质，才能理解这种文化结构。社会文明在"礼"的指导下有序发展，进而展现出优雅的品格。

中国礼仪文化的发展具有连贯性，尽管朝代更迭、历史变迁，文化的根基却始终延绵不断。优雅的价值体系，自先秦时期悄然萌芽，历经三国两晋南北朝的纷扰，随着丝绸之路的开辟，文化的交流日益频繁，礼仪文化也在不断碰撞与融合中稳步前行，形成了独具特色的优雅风范。宋代是中国文化的集大成时期，自开国之初，宋太祖深刻吸取中央禁军叛变的教训，将收回兵权视为首要之务，采取了"崇文抑武"的政策，促使文官的地位极大提升，又大力推崇文化教育，使"礼"的思想渗透至整个社会之中。"崇文"这一国策深植于对作为主体的儒家思想的尊崇与弘扬，并伴随着一系列具体的行动来践行：在政治体制构建上，从中央到地方，对文臣广泛重用，使得"满朝朱紫贵，尽是读书人"①，表明朝中高官大多具有文化底蕴，文人治国成为宋代政治体制的一大特色；在人才选拔机制上，宋代的科举制度与隋唐时期以选拔世族子弟为主的做法不同，宋代打破传统的门第和阶级固有壁垒，允许平民百姓参加科举，以考试成绩为选拔标准，展现出了前所未有的开放与包容，这一变革极大地拓宽了人才选拔的范围，从社会各阶层中涌现出了如蔡襄、文天祥等一大批杰出人才，社会上广泛流传着"万般皆下品，唯有读书高"②的观念。在文化价值观的构建上，宋代集中推崇儒家思想，使其成为社会的核心理念与指导思想，科举考试的核心内容紧密围绕儒家经典"四书五经"，文化成了获得权力的必经

---

① 意为达官贵人都是读过书的人。王不语、余竹译注:《神童诗》，吉林文史出版社，1995年，第1页。

② 意为所有行业都不及读书入仕。王不语、余竹译注:《神童诗》，吉林文史出版社，1995年，第2页。

之路，这一举措极大地激发了人们的学习热情，学习者众多，《礼记》作为四书五经之一，其对礼治思想的阐释，对礼仪规范、社会秩序、个人品德等方面的规定，使得人们对此有了广泛而深入的了解，礼仪文化的传播达到前所未有的广度与深度。宋代秉承历史文化传统，以之为治国基石，培养了一大批杰出的文人和艺术家，整个社会崇尚读书，文风盛行，更将优雅的文化推向了巅峰，并形成了士大夫阶层的文人集团，如邵雍、周敦颐、张载、王安石、程颢、程颐、苏轼等鸿儒雅士，在追求优雅的道路上坚定不移，在文学艺术创作、礼仪规范等方面做出卓越贡献，将优雅的文化精髓融入国家治理、文化传播的各个方面，共同将中国文化推向了新的高度。

宋代服饰的礼制承前朝之制，《宋史·舆服志》的记载表明，宋代服饰与先前整个中国服饰文化一脉相承，"《易·传》言：'黄帝、尧、舜，垂衣裳而天下治，盖取诸乾坤。'夫舆服之制，取法天地，则圣人创物之智，别尊卑，定上下，有大于斯二者乎！……宋之君臣，于二帝、三王、周公、孔子之道，讲之甚明。……是以子孙世守其训，虽江介一隅，而华质适时，尚足为一代之法。其儒臣名物度数之学，见诸论议，又有可观者焉。今取旧史所载，著于篇，作《舆服志》。"① 文中着重强调，宋代设立服饰规格时，深受文化传统的影响，遵循了古代圣人之道，取法于天地，以此来区分尊卑，确定等级秩序，力求达到既正统又合理的标准，体现出对礼仪的高度重视，通过服饰可以直观地感受到人的身份地位与社会角色，起到维护社会和谐秩序的作用。宋代的服饰制度并未完全照搬旧制，但保留了文化的精髓，在此基础上进行了适度的升华，使之更加符合当时社会的礼仪和审美需求，展现了宋代优雅的文化风貌。根据穿着场合、社会活动和仪式需求，宋代女子服饰有礼服与常服之分，兼具礼仪性。最高规格的礼服有袆衣、朱衣、礼衣、鞠衣，史书有载："后妃之服，一曰袆衣，二曰朱衣，三曰礼衣，四曰鞠衣。"② 袆衣采用深青色面料，其上绣有青鸟图案，内衬为素纱中单，袖口边缘饰以朱色罗纹，大带的颜色与

① [元]脱脱：《宋史》，中华书局，1977年，第2477—3478页。
② 华梅等著：《中国历代〈舆服志〉研究》，商务印书馆，2015年，第268页。

衣身相同，内侧为朱色并加有滚边，系结处悬挂着白玉双玉佩；朱衣，以绯红色罗制成，配有蔽膝、大带等配饰；礼衣，以十二钿钗装饰，色彩多样，服饰款式与鞠衣相似，但会加以双佩与小绶；鞠衣，以黄罗制成，同样配有蔽膝、大带、革带，款式与袆衣相似。宫廷女子常服则采用大袖生色领，背子选用绛罗面料，长裙垂落，霞帔披肩，玉坠轻轻摇曳。宋代贵族及一般女性的常服款式丰富多样，主要有襦、衫、袄、褙子、背心、裙、裤等。服饰的穿着在行为举止上也需遵循一定的礼仪规范，要注重仪容仪表的整洁，遵循服饰的搭配制度，须保持谦逊有礼的态度，避免过于张扬或轻浮的行为，保持服饰的得体与优雅。

（二）文人的模范作用

宋代士大夫们深刻认识到文化摹本的典范效应，把握文化生产与传播的效用，以优雅作为文化生产的价值核心，树立起优雅的风尚，对文化生产起到了积极的引领与示范作用。士大夫们强调文化生产的群体意识，塑造了从国家到集体再到个人的统一整体，这种秩序关系的稳定，为优雅文化的生产与传播提供了坚实的基础。

宋代文化的传播是自上而下的，士大夫阶层通过礼仪规范、生活方式等多维度塑造和传播优雅的价值观念，社会普遍认识到了文化的崇高地位，文人群体规模空前，将"文化精髓——优雅"的理念贯穿于价值观、道德观、审美观等多个方面，构建了成熟的优雅文化体系，并形成庞大的文人集团。这个集团将文化的精髓提升到了至高无上的地位，在思想观念的塑造上，将儒家思想与道家、佛教等思想相融合，进一步完善了儒家的文化系统，扩大了其影响力。在士大夫阶层的推动下，理学被提升为官方哲学，确立了儒家思想在中国文化中的主体地位。文人集团不仅观察到文化精髓在文化生产中的种种价值，并且在提炼、生产、传播优雅文化方面起到关键作用，成为优雅形式的创造者，如作诗题字、品茗赏画、酌酒看花、雅集诗会等雅事，还将优雅的观念内化到日常生活中，以通俗易懂的方式向大众传播优雅的文化。

　　宋代文人谱写了众多优雅的文本,如《香谱》《茶录》《酒谱》《墨谱》《蟹谱》等,为人们提供了一种生活的范式,为后世提供了详尽的理论指导和实践参考。《香谱》收录了香的产地、性状、配方、香具等,解读了香文化的典故、礼制风俗、使用情况,反映了香事之雅的价值取向;《茶录》记载了茶的种植技艺、采摘时机、制作工艺以及品鉴之道,收录了饮茶礼仪规范、斗茶活动及名士的茶论,堪称茶文化的集大成之作,有助于后世之人更好地理解茶事的雅致与风韵;《墨谱》系统地描述了墨的选材、分类方法、制做工艺,以及鉴赏墨品的标准,图文并茂,反映了宋代文人墨客对文房用品的优雅追求;《酒谱》记录了酒的命名、品种、性味、酿造工艺、品鉴方法及饮酒的文化习俗与礼仪规范,展现了宋代雅事的丰富性;《蟹谱》详细记载了蟹的品类、形貌特征、生活习性、繁育过程、捕捉技巧、烹饪方法及最佳食用时节,充分展现了宋人对饮食礼仪的重视及对生活情趣的优雅追求。优雅的理念以文本的形式,对人们的生活方式提供了指导,优雅的形式被广泛实践和传播。因此,宋代被视为优雅的时代,整个社会文化都营造出一种优雅的氛围,文学、艺术、社会生活等各个领域都以优雅美学为标准,不断地创造优雅的视觉形象,成就了优雅风格的巅峰。

二、天人合一的境界

（一）天人合一的承传

中国美学常有一种将宇宙自然赋予情感化的意味，艺术作品反映出人生的境界。古人以追求"天人合一"为至高境界，倡导人的创造与自然的和谐统一关系。先秦哲人善于洞察天人关系，发现并尝试阐述宇宙的规律，《易·系辞上》"一阴一阳之谓道"，即万物皆可以阴阳概括，这种哲学观念促进了人们对均衡、协调审美关系的深入探索，注重人与自然的阴阳平衡的关系，为优雅的审美倾向奠定了基础，即对平衡、协调、和谐、自然、含蓄的审美追求。

关于天人关系的解释，在中国哲学中始终是一个核心议题，冯友兰先生在阐述中国哲学观时，将人生境界分为四个层次，即自然境界、功利境界、道德境界和天地境界，其中，天地境界是最高的，本质上是探讨人与自然的关系。儒、释、道等不同哲学流派都对此进行了深入探讨，孟子通过"浩然之气"赋予自然以伦理意义，即人与自然共生共存的意识，强调自然与人心的紧密联系，有善心、同情心，才能对自然界深切珍视与敬重。庄子则提倡人生境界与审美境界的合一，天地合一方能自由，使自然带有情感化特征，明确了"天人合一"的人生境界与审美观的统一。"天人合一"将宇宙万物视为统一的整体，表现为顺应自然规律、崇尚质朴本真。"天人合一"的承传是中国人的智慧，钱穆曾指出，"天人合一"对中国文化乃至全人类是最大的贡献。[1] 优雅正是在这种天人和谐的关系中产生的，因为如果我们将人与自然视为对立关系，那

---

[1] 钱穆:《中国文化对人类未来可有的贡献》,《中国文化》1991年第1期, 第93—96页。

么人类对自然的征服和粗暴态度就会显现，而优美雅致也将不再是中国文化的显著特征。中国的美学始终追求和谐，这种包容性使得中国文化多元一体、源远流长。

宋代传承天人合一的至高境界，与理学的发展相得益彰。在经历了文化大融合之后，宋代开始重新审视并回归到本土文化精髓的发觉与延续。"天人合一"的思想使得服饰美学崇尚自然、质朴之美，从宽袖到窄袖的演变，体现出服饰的象征性与实用性，以及对平衡关系的追求，将优雅风格推向极致。

（二）优雅与气质之性

优雅的美学品格，根植于以儒家思想为主体的中国哲学体系之中。儒家思想始于春秋，于汉代被尊为正统，至唐代，佛教传入中国并生根发芽，禅宗思想应运而生，逐渐形成了儒、释、道并行的哲学体系，它们之间相互交融、相互影响，进入宋代后，崇文风尚使得本土文化的主体性逐渐回归，儒家思想经历沉淀与升华后，迎来第二座高峰，即理学，它将儒家的道德伦理提升至带有审美意味的人生境界，对中国美学核心思想"优雅"的塑造起到至关重要的作用。

理学将道德修养与人的气质紧密联系起来，张载将人性分为"天地之性"与"气质之性"两个层面，将孔子提出的"文"与"质"统一的观点深化，即任何具有实体形态的存在，都会展现出抽象的气质。例如，文学作品中作者的品性与文章的风格具有一致性，正如苏轼所讲的"文如其人"，一个人内在的本质，会自然体现在行为与作品中。后来，程颢和程颐将"天地之性"明确为"天理"，强调儒家的道德伦理，在"二程"的理解中，"天理"指的是人类天生应具有仁、义、礼、智、信等高尚品德，这是人与禽兽区分的关键，反之则为浮躁功利之心的"人欲"，在这一框架内，从容不迫成了"天理"的象征。从根本上讲，天理的本质即来源于"善"，具有通情达理、善解人意的人即合乎"天理"的普遍规律，达到理想的人格境界，自然会展现出一种优雅的气质。

三、中庸的美学尺度

（一）中庸与美学

理学的发展将"天理"的范畴细化，归结于人"性"，即人的本性是上天赋予的，应当遵循自然发展的规律。朱熹认为美是道德与形式的统一，他将美的认识落实到对"中庸"的提倡，认为人能够遵循天理的情感根源在于"仁"和"同情心"，只有秉持善心，才能理解他人的感受，做事才能合情合理、恰到好处。"中庸"一词最初见于《论语》中的"中庸之为德也"，可见中庸是道德的形式原则，尽管孔子并没有将其作为核心议题，但学术界普遍将孔子所提的"五美"视作对中庸理念的具体阐释："君子惠而不费，劳而不怨，欲而不贪，泰而不骄，威而不猛"[①]反映出适度而恰当的道德行为标准。"中"指方位、合适，代表着适当的价值准则；"庸"指恒定的，意味着平常普遍的道理。"中庸"即指不偏不倚、无过无不及，它是道德的至高境界，也是评判的尺度。朱熹将《中庸》从《礼记》中独立出来，确立了"四书"在中国文化中的核心地位，作为历代科举研习的首要书籍，进一步扩大了中庸思想的影响力。

在美学领域，中庸代表着一种恰到好处的价值准则，它通常表现为平衡、对称、含蓄、协调等特征。中庸既是道德实践的度，也是审美的尺度，中国美学对于尺度的问题十分在意，追求恰到好处的平衡关系，避免极端、生硬和粗暴，给人以宽广的想象空间和留有余地的审美体验。中庸之道是造就优雅品格

---

① 《论语》，刘兆伟译注，人民教育出版社，2015年，第480页。

的重要原因，更是人类的智慧，它主张人的欲望应当适度，这是维持社会和谐与稳定的关键因素。儒家将中庸之道的践行通过礼的秩序来完成，而"礼"的实施正是以中庸的恰到好处作为衡量标准，这套尺度能使人的言行举止保持在一个恰当的范围。中庸作为价值尺度，能够实现礼的功能，使之呈现出优雅的特质。

（二）恰到好处的服饰美学

宋代女性服饰审美中蕴含着巨大的想象空间，正如宋徽宗在《宫词》中所描述的"峭窄罗衫称玉肌"，服装与人体和谐统一，服饰材质轻若烟雾，服饰与人体间有一定的松量，能够透露出人体的部分轮廓，隐约可见其纤细而灵动的身形，引人无限遐想。这种含蓄、微妙的表达，在感性与理性之间的平衡，即恰到好处，为这种充满想象的服饰美学建立了审美的尺度。

优雅的宋代女性服饰艺术，总体上是一种恰到好处的服饰美学：材质，透而不露、精致而质朴，因其悬垂性而呈现出动中有静、静中有动的平衡关系；款式与结构，以对称为中正之理想，或平衡协调次之，直身式造型，服装合身而又灵活，穿着空间松紧适度；图案，以象征君子品格的内容作为文化符号，曲直有度、刚柔相济；色彩，以中性色体现对平衡适度的追求。与此同时，恰到好处的服饰需要穿着的人具备礼的规范，即优雅的行为举止，方才能行雅事。

恰到好处，营造出优雅的文明。

继而，本书将从优雅的典范 —— 宋代女性服饰艺术，图文并茂地呈现优雅的形式。

优雅的外显
宋代女性服饰艺术的特征

　　宋代是中国美学的巅峰时期，优雅的格调渐趋成熟，形成了一种全社会崇尚的文化价值体系。宋代传承中国文化的深厚底蕴，展现出了丰富的创造力。宋代女性服饰艺术真实而又具体地承载了中国文化精髓——优雅，在社会价值观和物质生活的表达中，确立了优雅作为核心价值的地位，成就了优雅风格的典范。宋代纺织业空前繁荣，对优雅的追求使得织造、刺绣、印染、服装艺术达到前所未有的高度，对后世产生了深远的影响。作为优雅风格的外显，宋代女性服饰艺术极具代表性，具有重要的研究价值，能够为中华民族服饰文化的守正创新提供一定的参照。

一、细腻飘逸的材质

（一）丝织业的发展

宋代女性服饰的材料主要有丝绸、麻布和棉布三大类。丝绸业在宋代有着坚实的产业基础，丝织品精致、细腻、透气、舒适，但原料采集不易、纺织成本及税负高等原因，使得丝织品价格较高；而麻布产量高、价格低，更多地被一般女性和劳动妇女使用；至于棉布，彼时正处于萌芽阶段，棉质服饰的应用尚不广泛。

丝绸面料轻若无物、透如薄雾，简约而高雅，透露出一种朴素而不过分雕饰的美感，这种朴素并非原始的粗糙，而是经过精心纺织和工艺处理后的精细与细腻，因而深受士大夫阶层的喜爱，也成了贵族女子服饰的首选材料，尤其受南宋首府地区的气候与环境的影响，丝绸的特性与人们的着装习惯显得尤为契合。众多文学作品及绘画艺术，提及雅致的服饰材质时，均聚焦于丝绸。丝绸品类繁多，根据纺织工艺、组织结构、色泽手感等，分为绫、罗、纱、锦、縠、绢等。宋代罗的织造技术成熟（图3-1），罗衣因其轻巧的质地悬垂性，整体上展现出纤细而流畅的线条美，在袖口等细节处轻微的褶皱，又形成了柔和的曲线，这些直线与曲线随着穿着者的一举一动而变化，形成了一种优雅的美感。在描绘宋代生活的著名画作《清明上河图》中，可以看到许多身着罗衣的人物，反映出罗在当时的盛行。此外，根据目前考古发掘的宋代女性服饰实物来看，罗的数量占据了超过半数的比例，进一步证实了罗的重要性。

斫刀　文轩　　　　　　　　地桩子　　　　　　　　　罗机

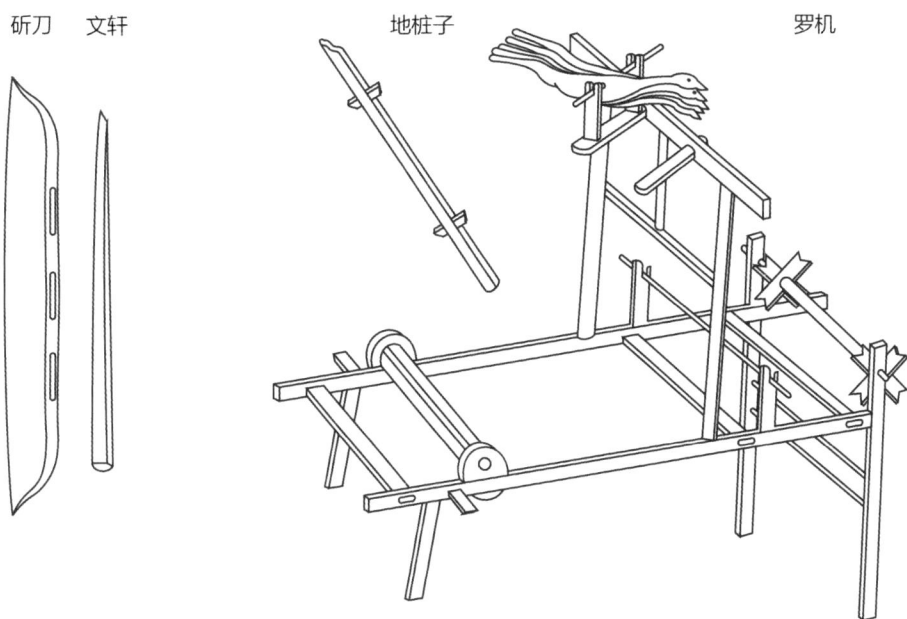

图 3-1 《梓人遗制》所载的罗织机

上乘的、优质的材料是优雅服饰不可或缺的基础。雅更是一种形态、内在气质的深刻表达。丝绸从视觉上就能展现出工艺的精湛、品质的卓越，其手感细腻、亲肤、透气性佳。其产生的轮廓线条，具有人体与自然合一的质感，与穿着者的身形契合，能够呈现出优雅的美学风格，是其他材料难以比拟的。

（二）丝绸的组织结构

宋代纺织技艺十分发达，现今我们所称的三种基本织物结构——平织、斜纹及缎面，在那个时代均已能熟练掌握。宋代的丝绸组织结构，整体上简洁利落，表面细腻平整，不做过多的装饰性处理，展现出自然与人为合一的韵味。

罗，质地轻薄透气，表面疏朗而带有空隙，并附有自然褶皱；绞纱与平纹的交替织造，形成优雅的条状纹理。（图 3-2 至图 3-5）

032

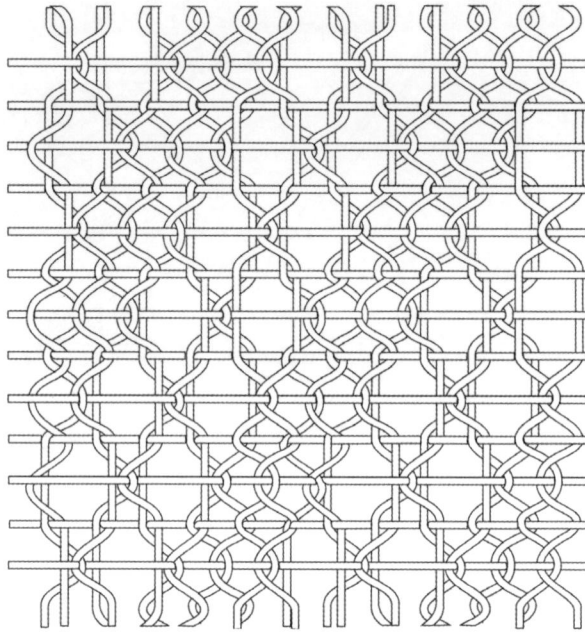

图3-2 罗的组织结构（一）

图3-3 罗的组织结构（二）

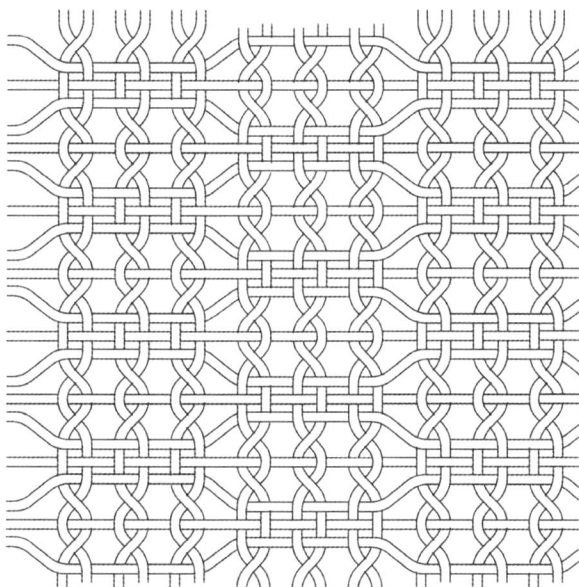

图3-4　罗的组织结构（三）

图3-5　罗的组织结构（四）

绫，斜纹起花，质地轻薄柔软，具有良好的光泽感，柔和且细腻。（图 3-6、图3-7）

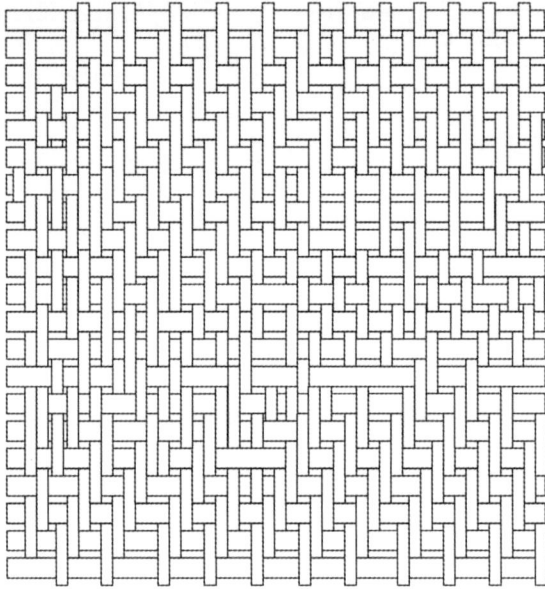

图3-6　绫的组织结构（一）

图3-7　绫的组织结构（二）

纱，平纹组织，质地轻如烟雾，经纬线之间稀疏，均匀分布方孔。（图3-8、图3-9）

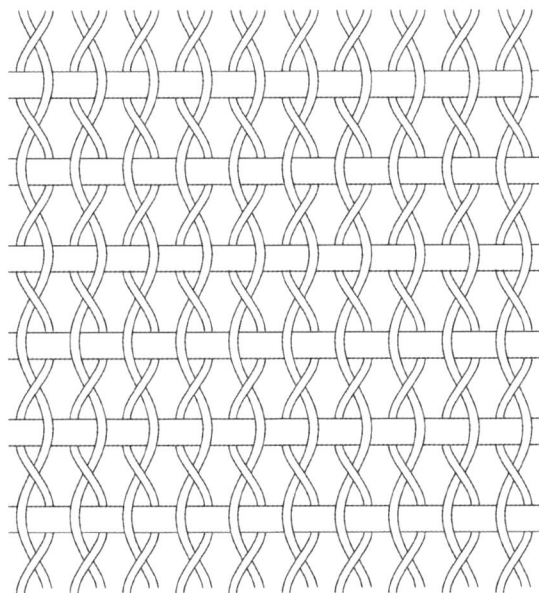

图3-8　纱的组织结构（一）

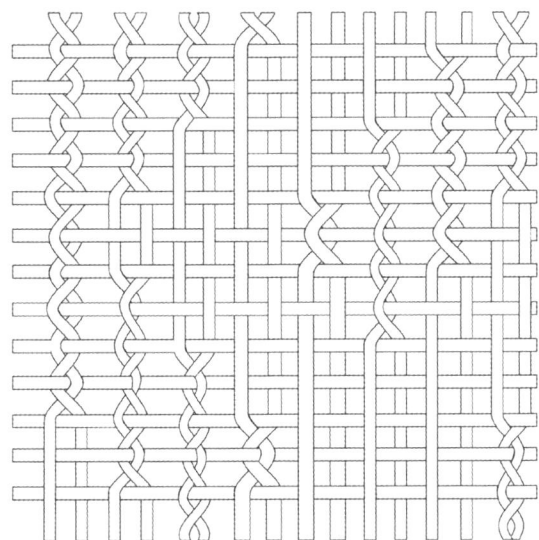

图3-9　纱的组织结构（二）

二、悬垂直身的廓形

（一）造型搭配

宋代贵族女子服饰的造型，从宽袍广袖转为对窄袖的追求，大袖主要出现于礼服中，而常服的款式主要有褙子、背心、襦、衫、袄、裙、裤等。总体而言，廓形呈优雅的直身式。

1. 身着襦裙、外着褙子

身着襦裙、外着褙子的造型搭配，在宋代女性服饰中最为典型，从贵族到一般百姓，都对其青睐有加。直领对襟、窄袖、腋下长开衩，衣摆自然下垂，无纽扣或系带，领口、袖口和下摆边缘常饰有精美的图案。褙子通常作为外衣，内搭襦裙，若隐若现，层次丰富。整体造型纤长，服装与身体之间恰到好处的宽松度与流畅的线条，既合宜，又适度，呈现出优雅的审美状态。（图3-10至图3-32）

图 3-10　葡灰纱绣花边对襟旋袄造型

图3-11 纱地对襟旋袄造型

图 3-12　花卉纹纱合领单衫造型

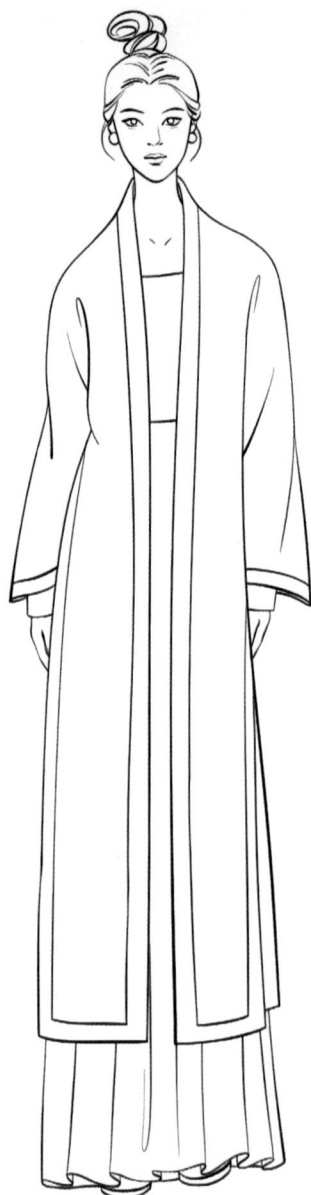

图3-13　紫灰绉纱滚边窄袖女褙子造型

图3-14　印金山茶梅花花边对襟合领烟色绉纱单衣造型

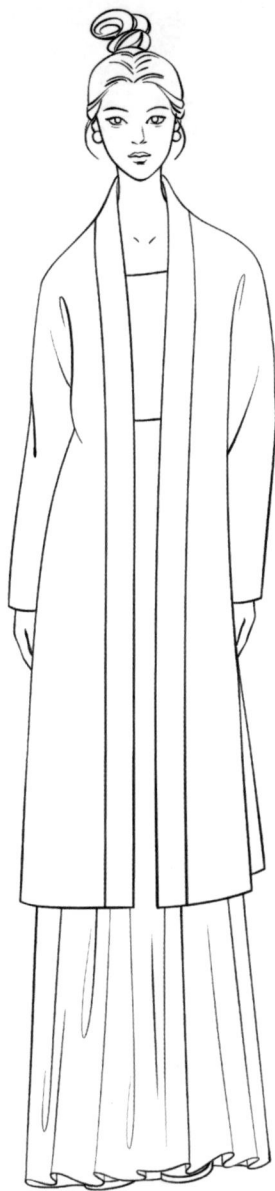

图3-15 罗地褙子造型

图3-16 罗地单褶子造型

图3-17　褐罗绣花边对襟旋袄造型

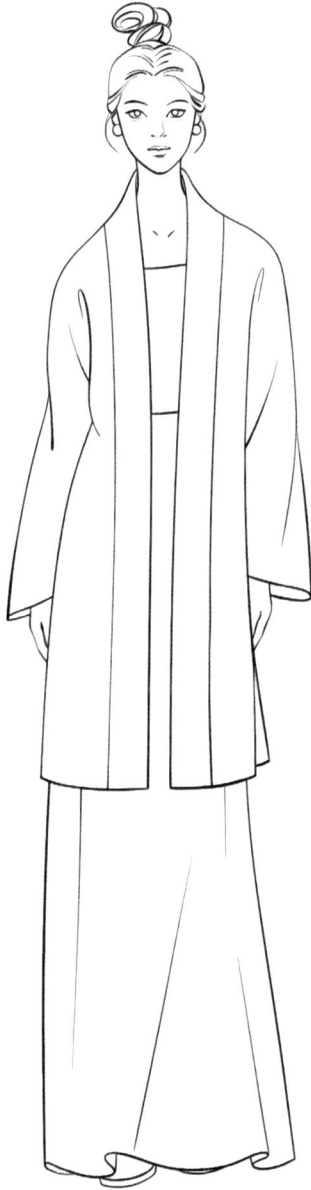

图3-18　金线绣花边罗对襟女上衣造型

图3-19 深烟色牡丹花罗背心造型

图3-20　花卉绫丝锦裙造型

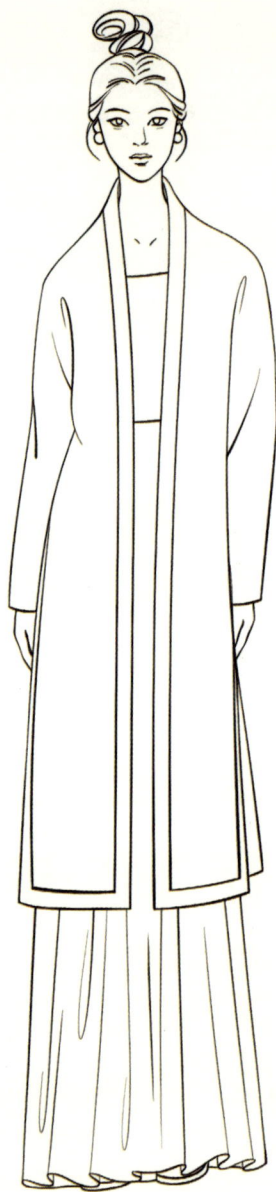

图3-21 瑶台步月图（一）

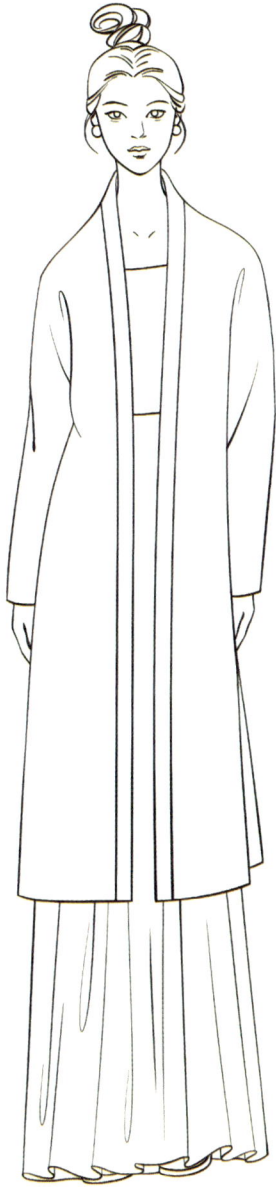

图3-22 瑶台步月图（二）

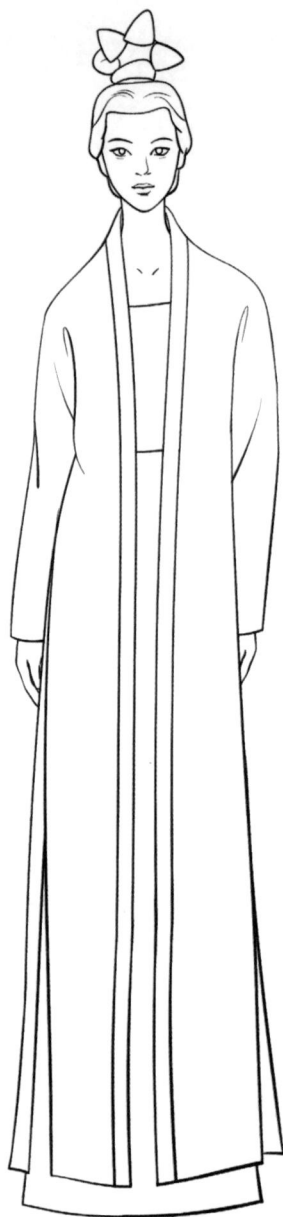

图 3-23　歌乐图卷

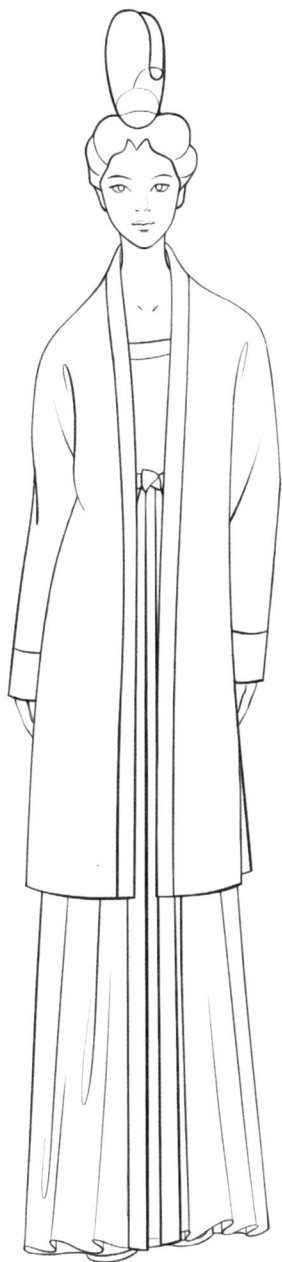

图 3-24 招凉仕女图（一）

图3-25 招凉仕女图（二）

图3-26 北宋墓壁画中的女性服饰（一）

图3-27　北宋墓壁画中的女性服饰（二）

图 3-28　北宋墓壁画中的女性服饰（三）

图 3-29　李守贵墓壁画中的女性服饰

图 3-30 《蕉荫击球图》中的女性服饰

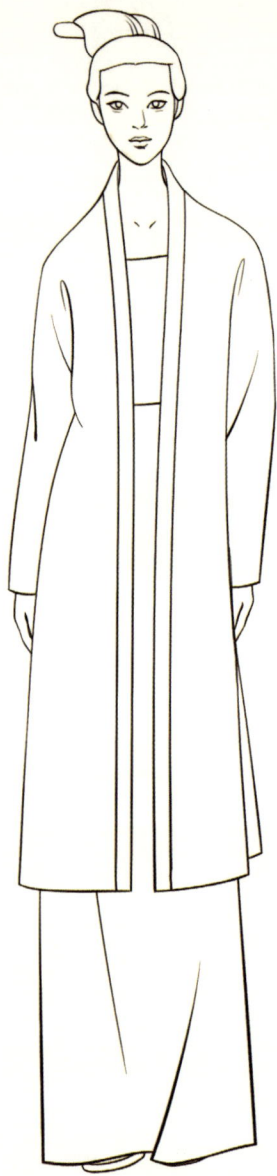

图 3-31 《荷亭婴戏图》中的女性服饰

图 3-32　宋代萧照《中兴瑞应图》中的女性服饰

2. 襦衫长裙、披帛束腰

襦衫长裙、披帛束腰的造型搭配源自唐代襦裙与披帛的搭配，历经宋代对于窄身的偏好，廓形由宽松转为纤细，束胸转移至束腰，凸显了女性纤细的身姿，披帛的搭配又使得整体着装保持了流畅直身的视觉效果。（图3-33至图3-46）

图3-33　写生花卉三丝罗合领夹衫

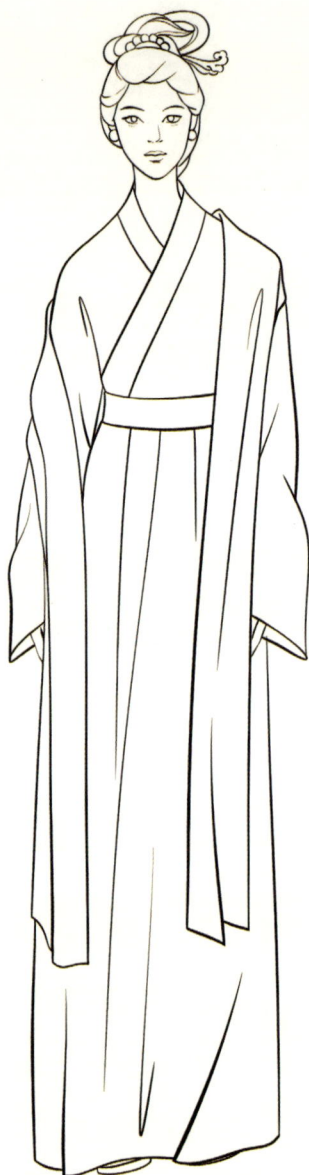

图3-34　宋苏汉臣《妆靓仕女图》中的女性服饰

图3-35 《女孝经图》中的女性服饰（一）

图3-36 《女孝经图》中的女性服饰（二）

图3-37 《女孝经图》中的女性服饰（三）

图3-38 《女孝经图》中的女性服饰（四）

图 3-39 《盥手观花图》中的女性服饰

图3-40　南宋刘松年《宫女图》中的女性服饰（一）

图3-41　南宋刘松年《宫女图》中的女性服饰（二）

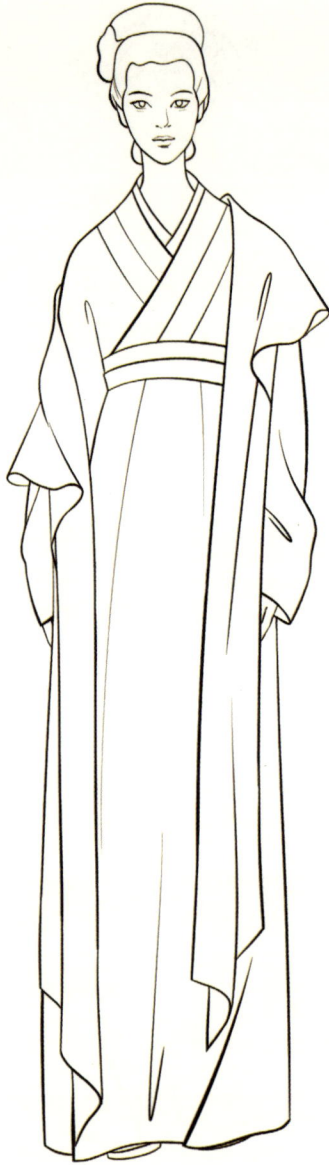

图3-42 《妃子浴儿图》中的女性服饰

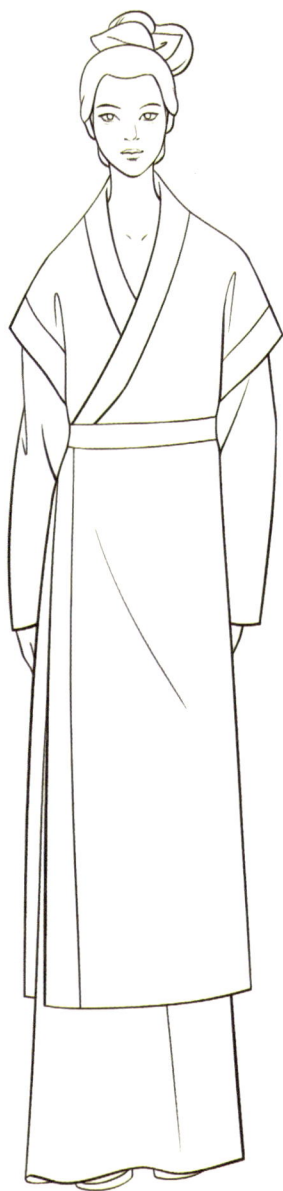

图3-43 《飞阁延风图》中的女性服饰

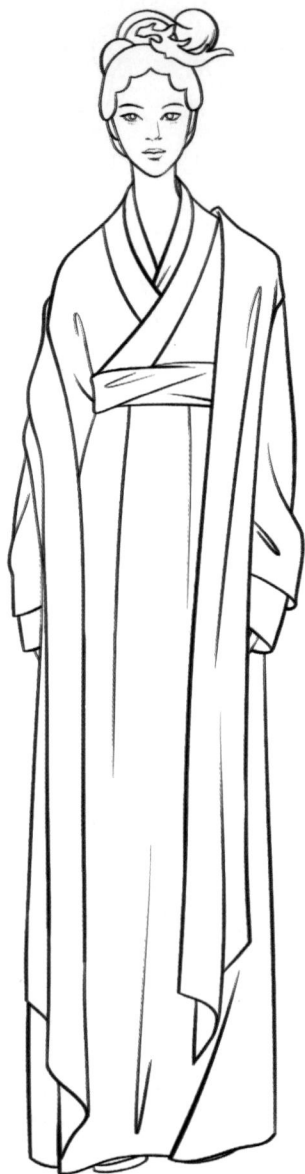

图 3-44　南宋李嵩《听阮图》中的女性服饰

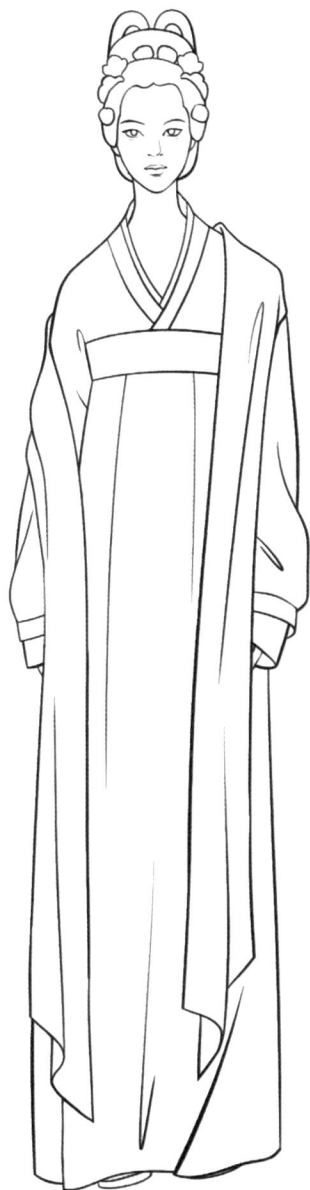

图3-45 北宋王诜《绣栊晓镜图》中的女性服饰（一）

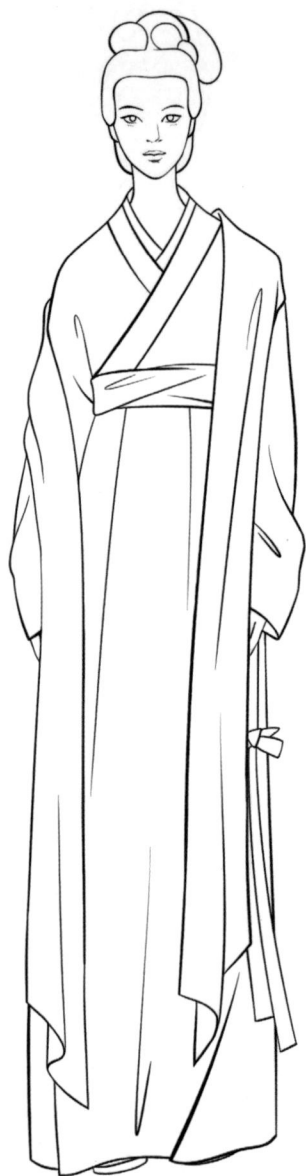

图3-46　北宋王诜《绣栊晓镜图》中的女性服饰（二）

（二）款式结构

　　款式结构图能够展示出服装各部分的结构细节、比例关系及尺寸规格，是服饰文化研究与创新发展的重要参考依据。笔者根据实物及传世画作中优雅风格服饰，绘制出相关典型的款式结构图。（图3-47至图3-59）

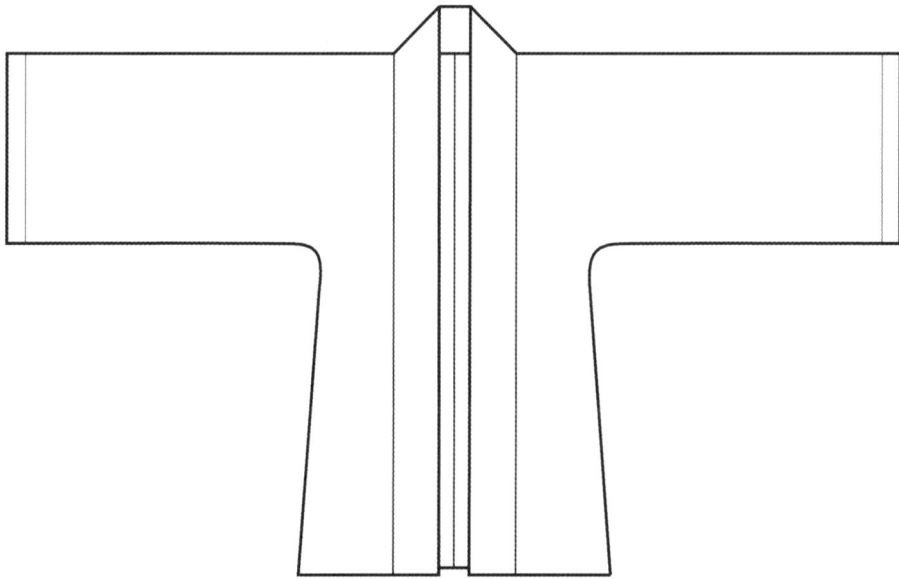

图3-47　葡灰纱绣花边对襟旋袄

（衣长90厘米，袖通长158厘米）

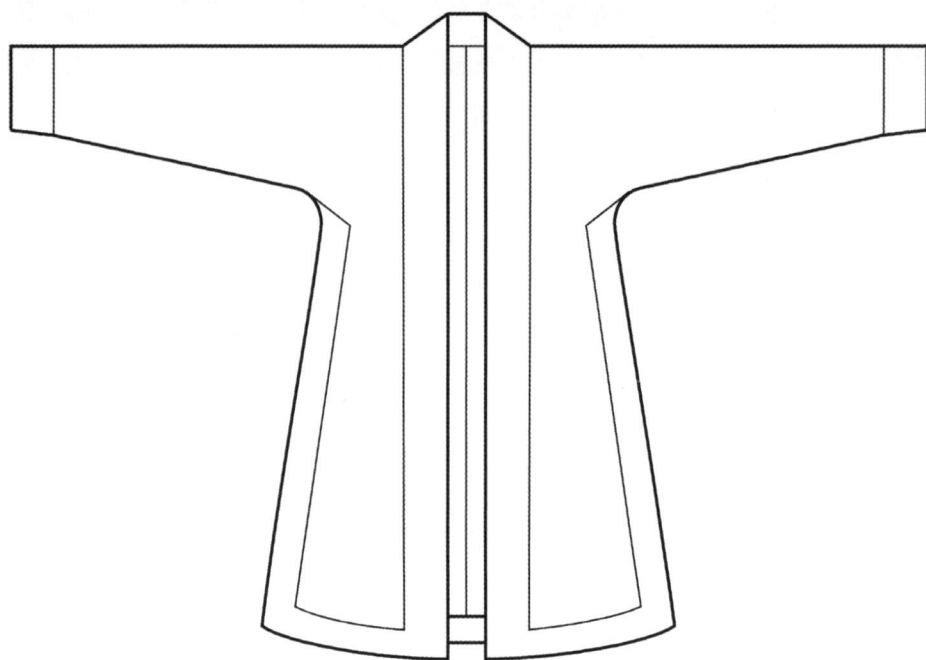

图3-48　纱地对襟旋袄

（衣长97.5厘米，袖通长160厘米，袖宽20厘米，袖口宽15.5厘米，腰围98厘米）

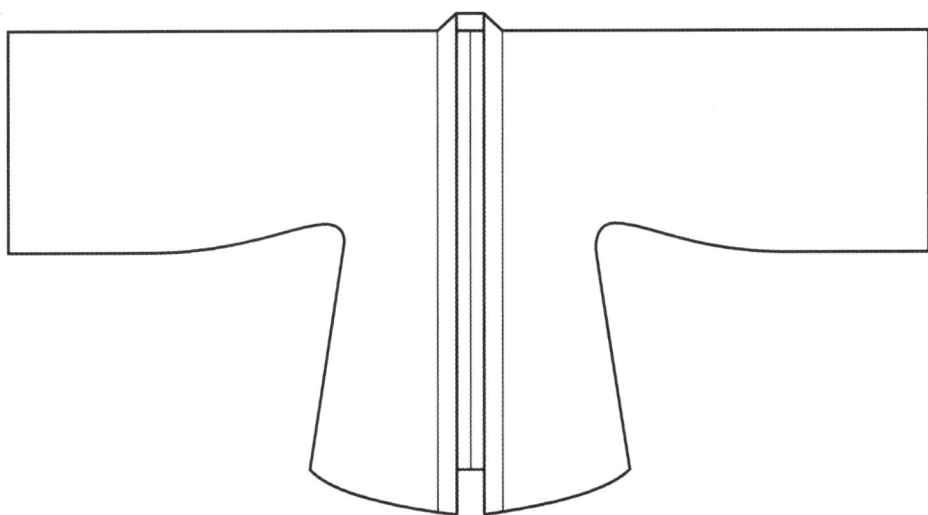

图 3-49　花卉纹纱合领单衫

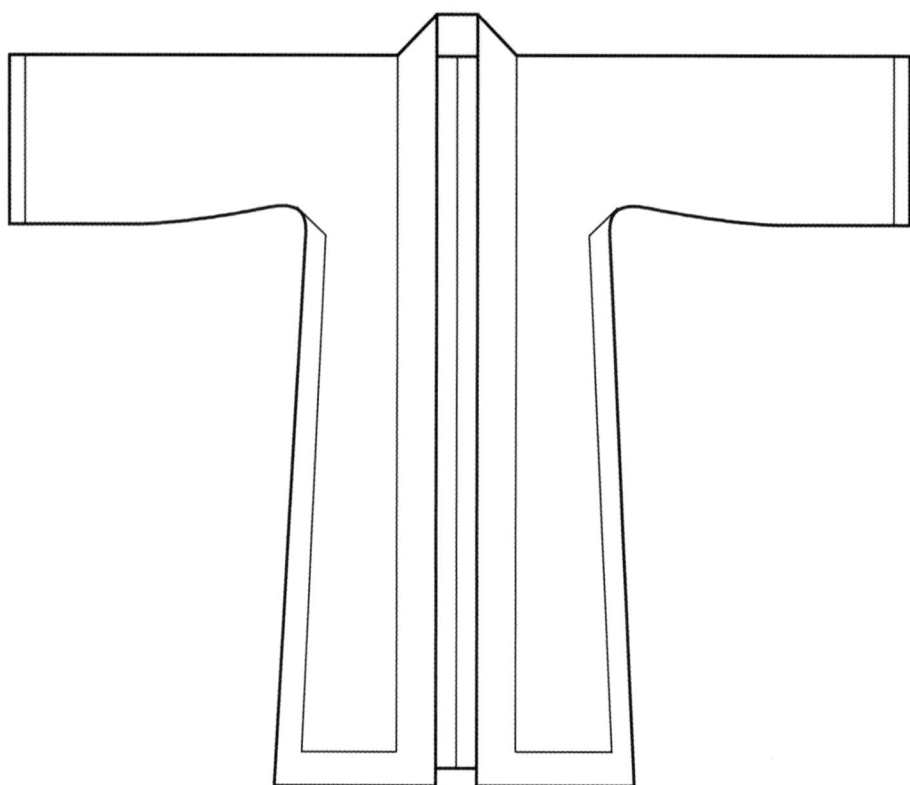

图3-50　紫灰绉纱滚边窄袖女褡子

（褡子前长123厘米，后长125厘米，袖通长147厘米，袖口宽28厘米，腰宽53厘米，下摆
前宽57厘米，下据后宽59厘米）

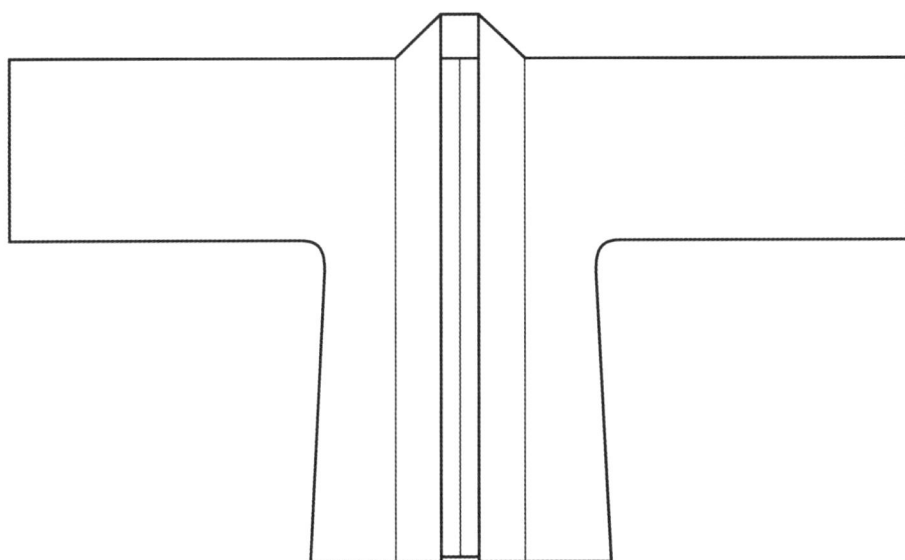

图3-51　印金山茶梅花花边对襟合领烟色绉纱单衣

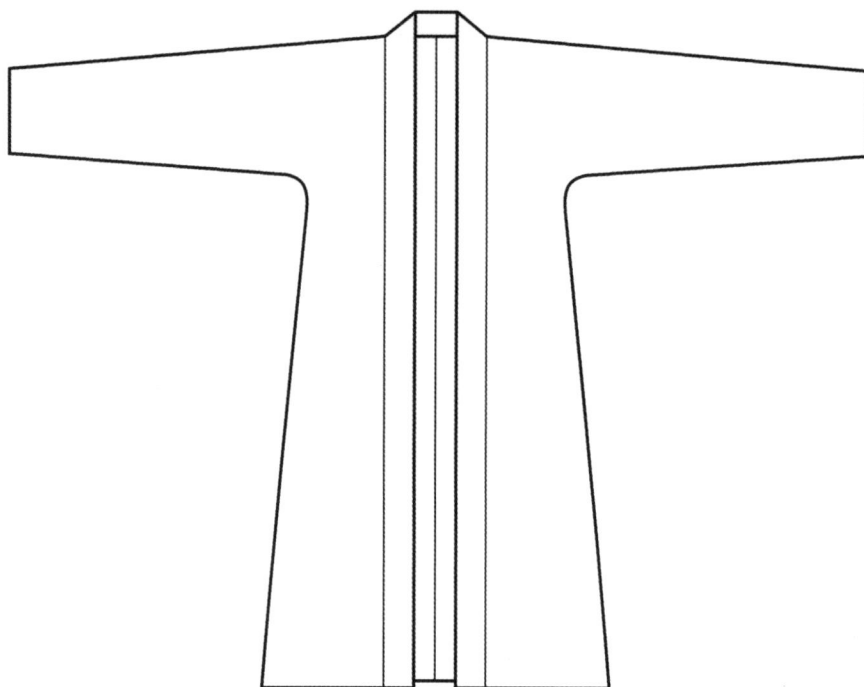

图3-52　罗地褙子

（褙子长105.7厘米，袖通长172厘米，袖宽21厘米，袖口宽13厘米，腰围104厘米，下摆
前宽67厘米，后宽70厘米）

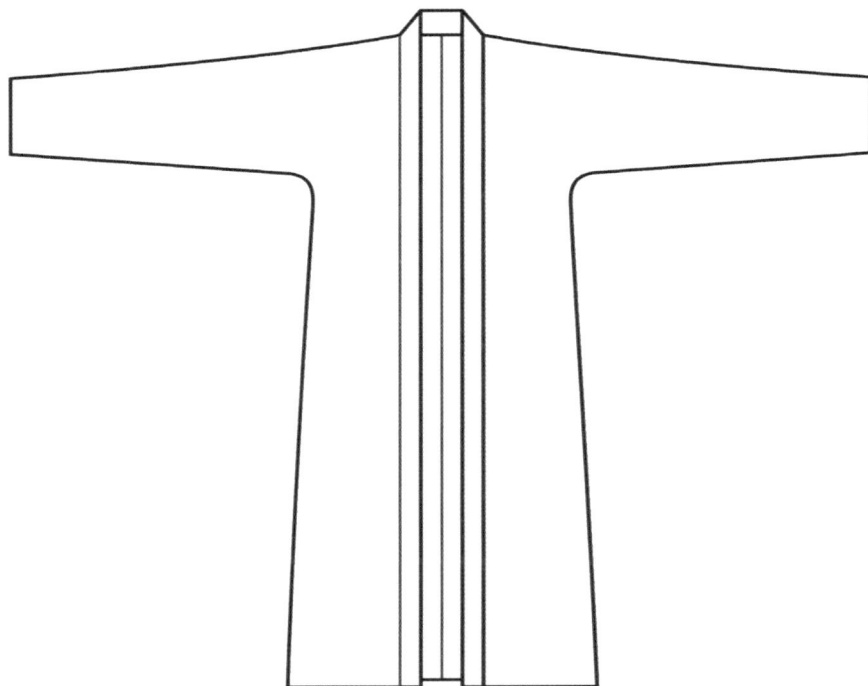

图3-53　罗地单褙子

（褙子长106厘米，袖通长159厘米，袖宽23厘米，袖口宽15厘米，腰围98厘米，下摆宽

69.5厘米）

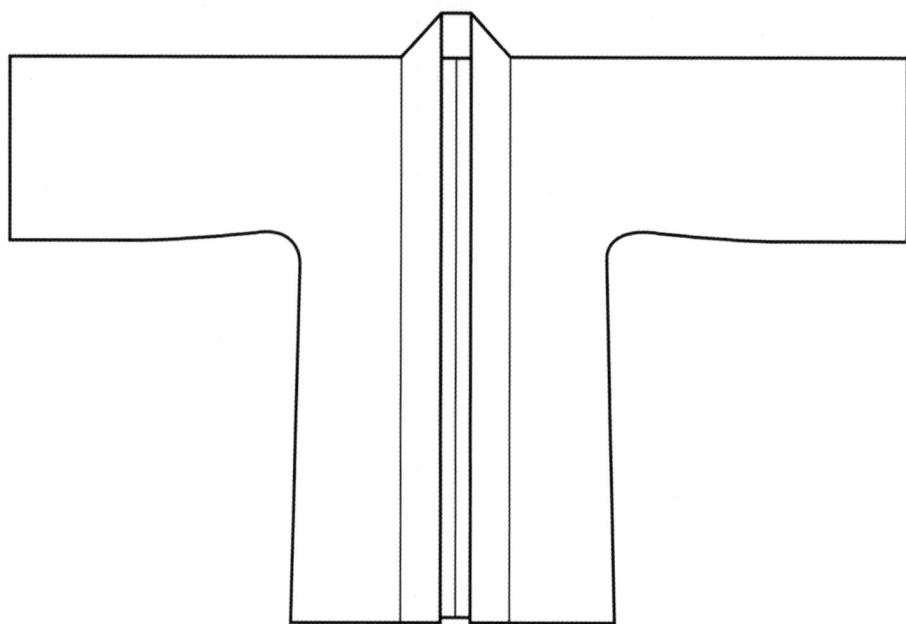

图3-54　褐罗绣花边对襟旋袄

（衣长88厘米，袖通长160厘米）

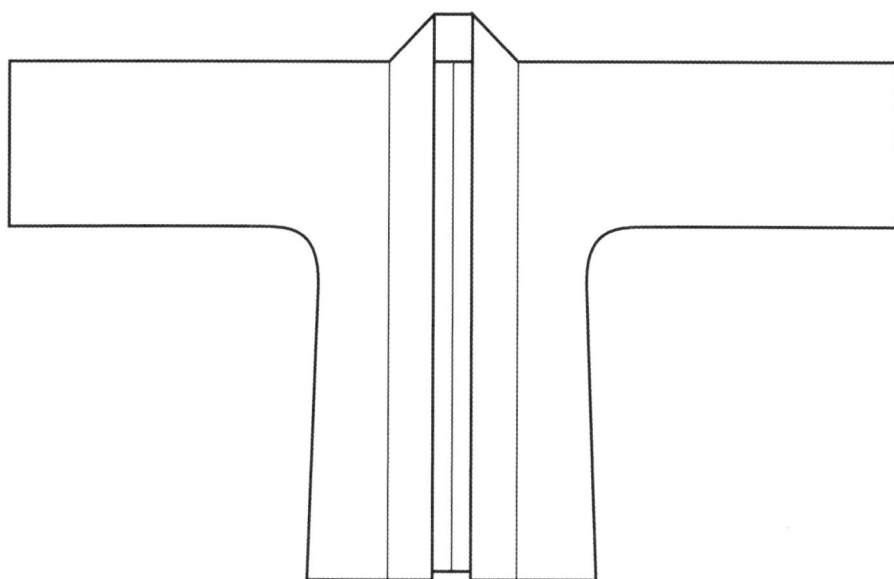

图3-55　金线绣花边罗对襟女上衣

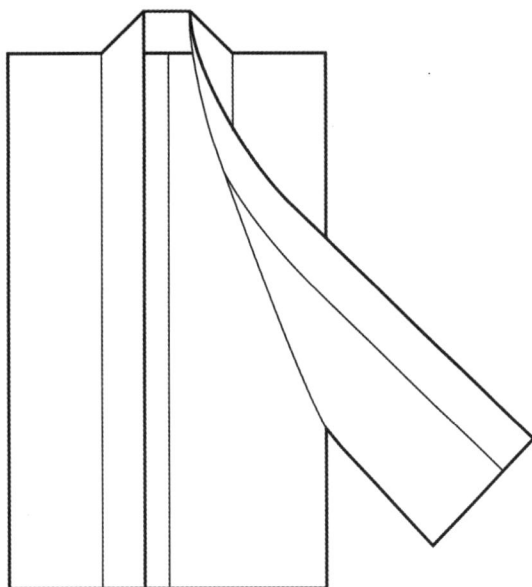

图3-56　深烟色牡丹花罗背心

（背心长70厘米，腰宽44厘米，袖口宽25厘米，下摆前宽39厘米，下摆后宽44.5厘米，下摆缘宽1.2厘米，对襟素边宽7厘米）

图 3-57 写生花卉三丝罗合领夹衫

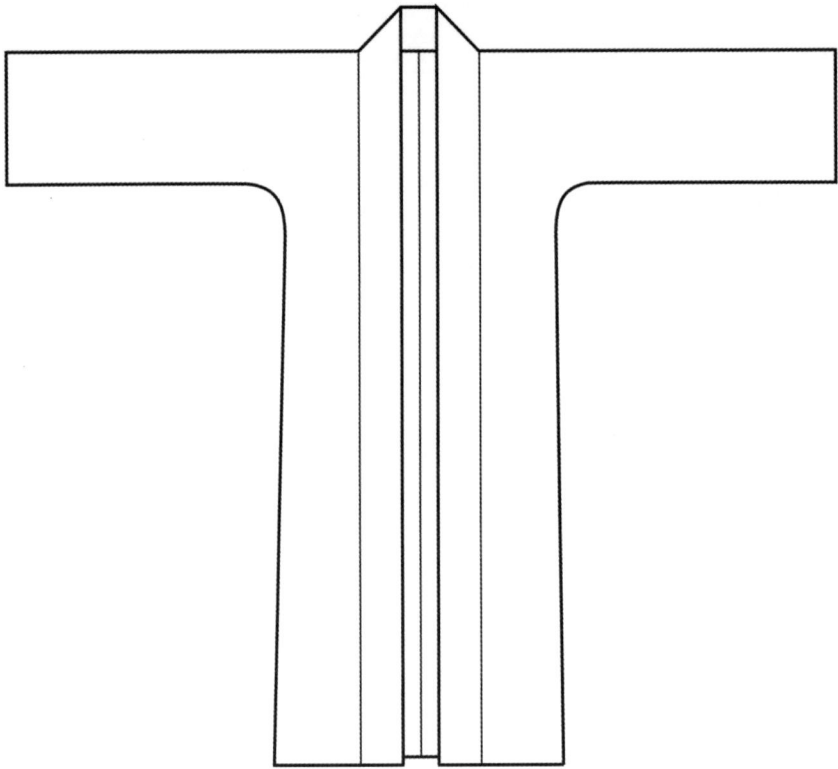

图3-58 《瑶台步月图》中的褙子款式结构

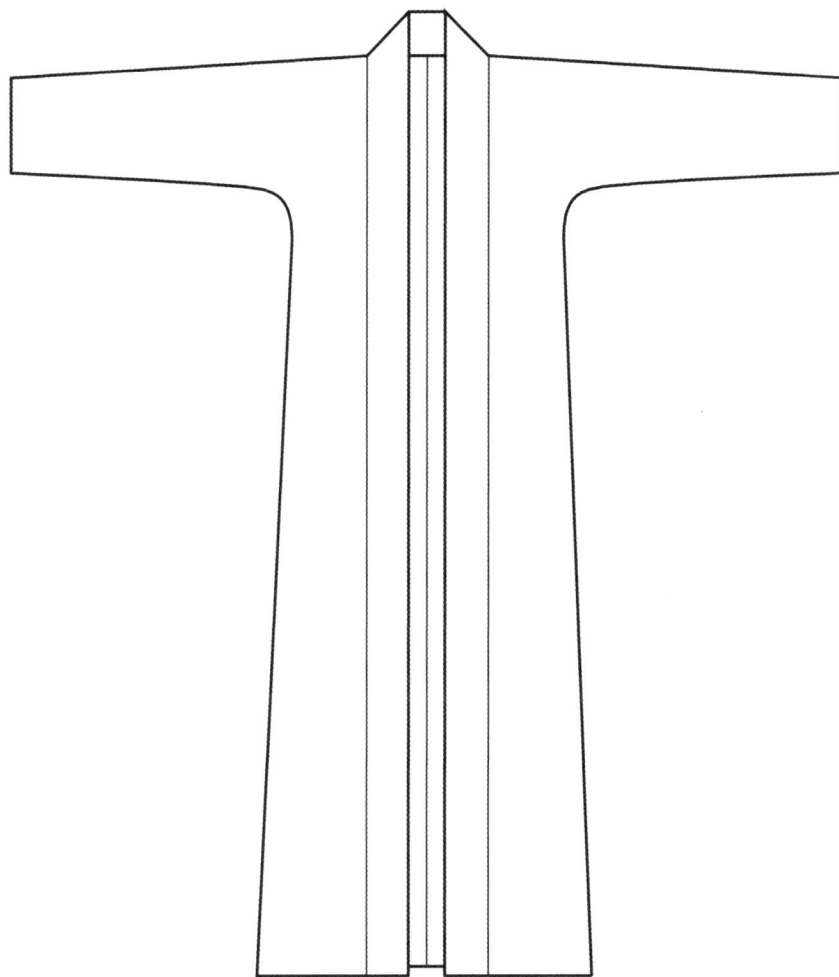

图3-59 《歌乐图卷》中的褙子款式结构

三、含蓄疏朗的图案

宋代优雅风格的服饰图案既不喧宾夺主，也不过分繁复，与材质、色彩、款式结构等服饰要素之间和谐而统一。"尚素"的审美追求使得图案的表达十分含蓄，图案造型注重刚柔并济的平衡关系，制作技艺丰富多彩，涵盖了刺绣、缂丝、提花、彩绘等多种工艺，图案的表达细腻入微、栩栩如生，保障了优质的品质。这些精湛的图案工艺与丝绸面料的轻薄、透气等特征相互映衬，呈现出优雅的特征。优雅风格的图案兼具美学与文化深意，表达了积极正面的态度，以及对美好生活的憧憬。宋代优雅风格的服饰图案题材，主要分为花鸟与几何两大类型，生动展现着自然的秩序、美与智慧。

（一）花鸟题材

花鸟题材展现着自然的生命力。花卉类的取材主要源自士大夫们喜爱的梅、兰、竹、菊、牡丹、荷花、水仙等，象征着君子的高尚品质，图案表现写实与抽象相融合，花中有叶、叶中有花，相互交织。鸟类图案则常用喜鹊、孔雀、鸳鸯等寓意吉祥美好，主要用于锦袍中，不及花卉题材普遍。图案的应用依据服饰部位而异，衣身多用四方连续的大花型，边饰则取二方连续的小花型，呈现出优雅的风貌。（图3-60至图3-92）

图3-60　牡丹芙蓉纹（一）

图3-61　牡丹芙蓉纹（二）

图3-62　芙蓉叶内枝梅花纹

图3-63　花中套花式穿枝牡丹纹

图3-64　缠枝牡丹纹

图3-65　穿枝牡丹纹

图3-66　穿枝大理花纹

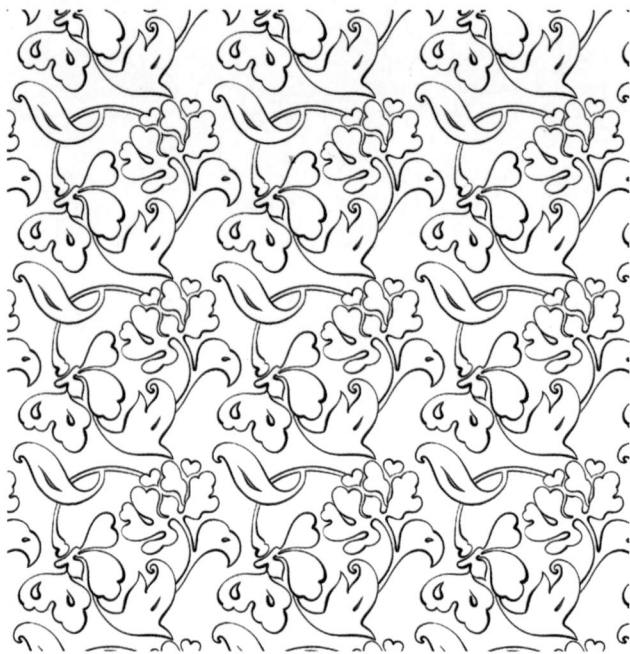

图3-67　牡丹纹（一）

图 3-68 牡丹纹（二）

图3-69　牡丹纹（三）

图3-70　童子攀花纹

图3-71 穿枝花纹

图3-72　牡丹海棠花纹

图3-73　牡丹芙蓉山茶栀子花纹

图3-74　牡丹芙蓉梅花纹

图3-75　梅花彩球纹

图3-76　牡丹海棠梅花纹

图3-77　牡丹芙蓉荷梅纹

图3-78 蔷薇山茶纹

图3-79　花卉纹（一）

图3-80　花卉纹（二）

110

图3-81　梅花字纹

图3-82 四合如意纹

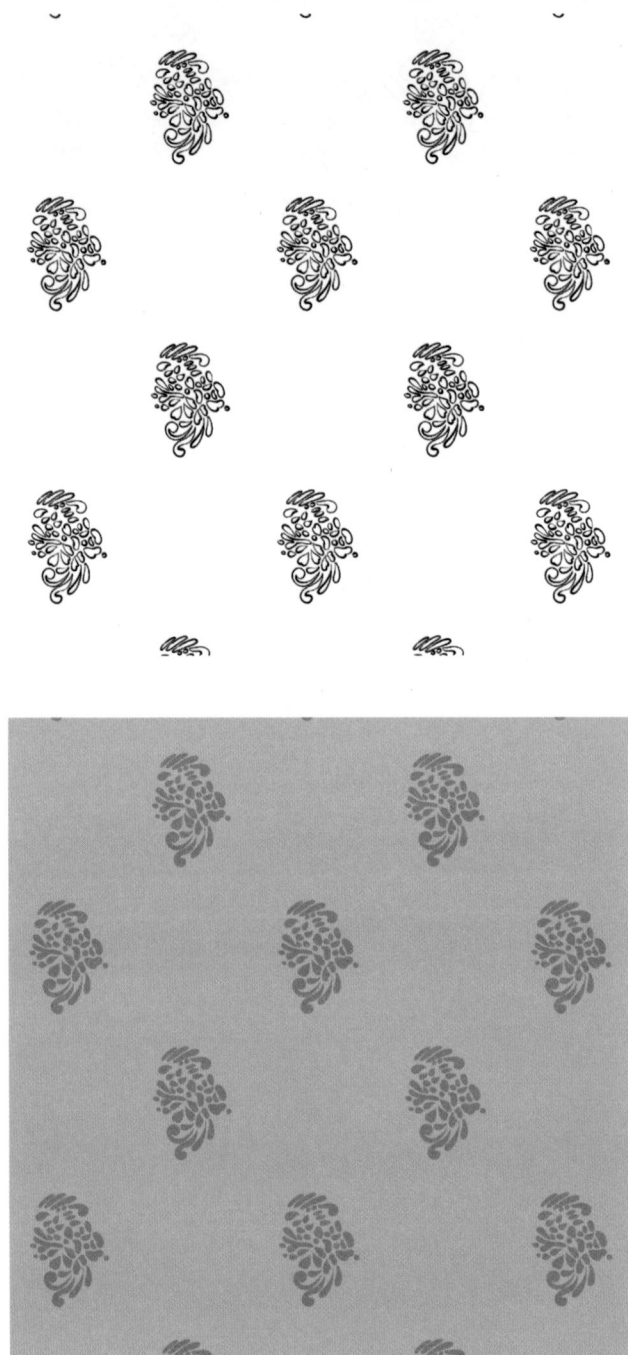

图3-83 双凤穿牡丹纹

图3-84　牡丹叶内织梅花纹

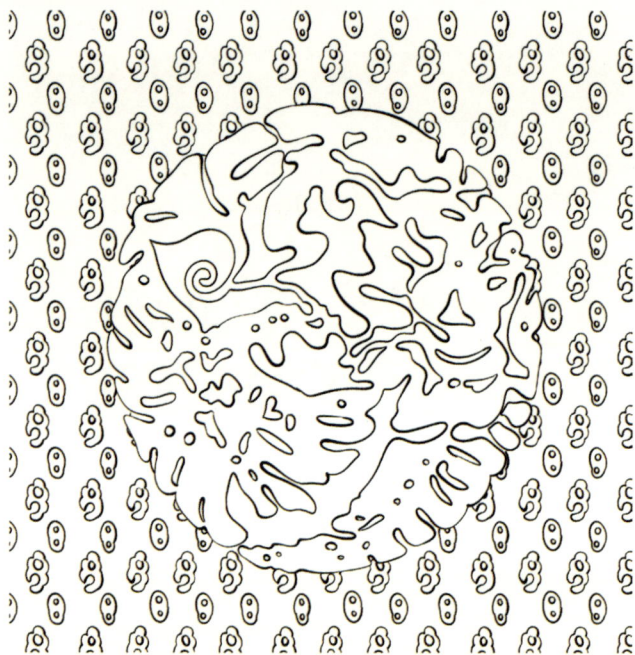

图3-85　鸟衔花团花纹

图3-86　重莲纹

图3-87　牡丹芙蓉山茶花边

图3-88　白菊花边

图3-89　海棠锦葵鹿狮花边

图3-90　荷菊花边

118

图3-91 白菊纹花边

图3-92 芍药璎珞花边

（二）几何题材

几何题材凝结了中国人对线条之美的深刻理解和情感寄托。连钱纹、菱形纹及八达晕等几何图案，从写实迈向抽象，象征着繁荣、包容、无限与广袤，平衡与对称的结构中，透出优雅的韵律。图案组织结构多为四方连续，简约易复的小几何成为当时广泛使用的典型。（图3-93至图3-101）

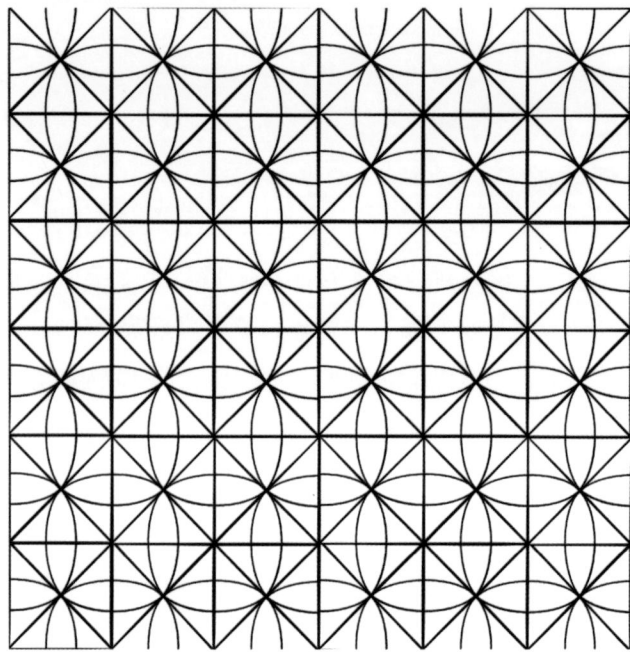

图3-93 连钱纹（一）

图3-94　连钱纹（二）

图 3-95　吉星纹

图3-96 几何纹（一）

图3-97 几何纹（二）

图3-98　几何纹（三）

图3-99　龟背纹

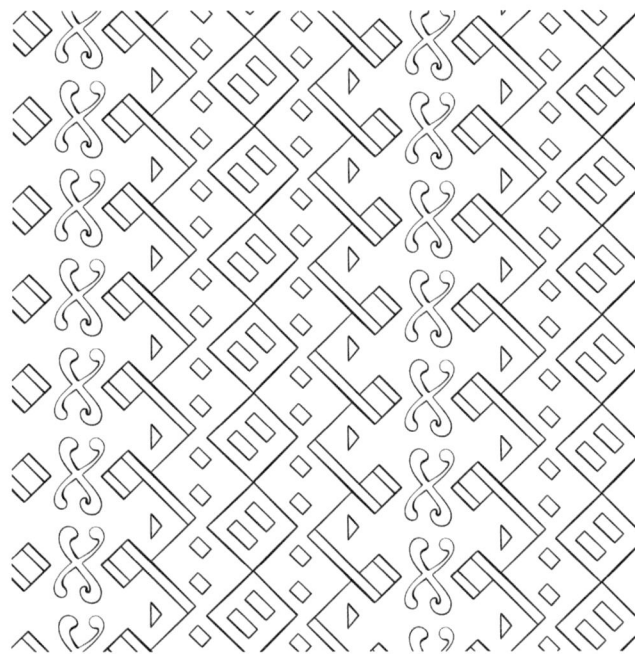

图3-100　几何条纹

图3-101 工字纹

四、高度和谐的色彩

优雅的色彩倾向于高度和谐的色调，追求适度、恰到好处的美学尺度。中国古代服饰染料分矿物与植物两类：矿物染料使用较早；唐宋后，植物染料因亲和纤维、色彩多样等原因逐渐成为主流，但其水洗日晒后容易变灰。宋代女性服饰巧妙融合自然界中的色彩，常用藕粉、浅黄、淡蓝、浅绿等色，如"朱粉不深匀，闲花淡淡春""天水碧染雪藕纱"等诗句，表达了色彩温和、内敛，明度适中，对比度较为柔和、过渡自然，静谧而不沉闷，平和而不躁动，呈现出阴阳平衡的优雅之美。

（一）身着襦裙、外着褙子

褙子与襦裙搭配的服饰造型，常采用两三种色彩为主色，褙子多用浅蓝、浅黄、浅绿或粉红等，衣身保持同一色调，边饰面积约为服饰的四分之一，色彩略深，间或采用对比色点缀，色彩纯度、明度均趋于中性色域，而襦裙的色彩相较于褙子更加浅淡，内外分明而又和谐统一。（图3-102至图3-124）

R 169
G 149
B 173

R 112
G 94
B 118

图3-102　葡灰纱绣花边对襟旋袄

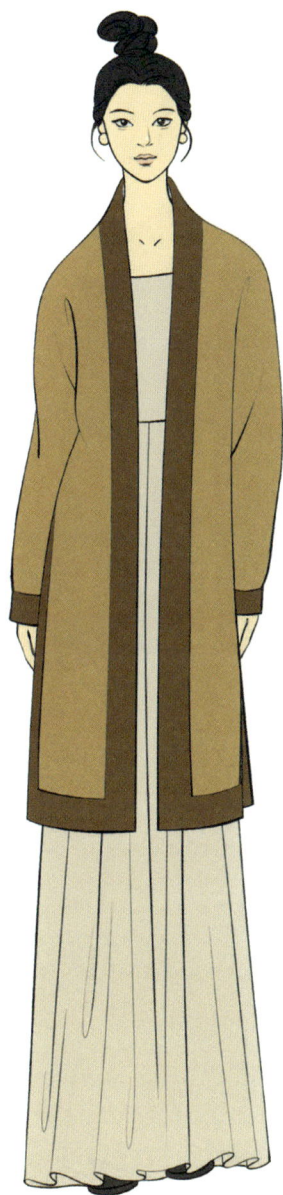

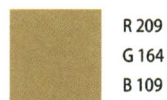

R 209
G 164
B 109

R 153
G 92
B 15

图 3-103　纱地对襟旋袄

R 109
G 123
B 150

R 84
G 98
B 127

图3-104　花卉纹纱合领单衫

R 218
G 191
B 207

R 136
G 116
B 133

图3-105　紫灰绉纱滚边窄袖女褙子

R 141
G 58
B 46

R 234
G 177
B 124

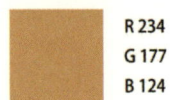

图3-106　印金山茶梅花花边对襟合领烟色绉纱单衣

R 170
G 137
B 95

R 133
G 126
B 90

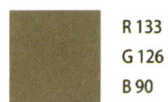

图3-107　罗地褙子

R 173
G 78
B 56

R 113
G 22
B 1

图3-108　罗地单褾子

R 136
G 57
B 58

R 187
G 184
B 195

图3-109　褐罗绣花边对襟旋袄

R 220
G 169
B 164

R 169
G 98
B 90

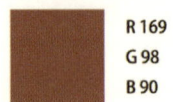

图3-110　金线绣花边罗对襟女上衣

R 146
G 112
B 95

R 136
G 73
B 42

图3-111　深烟色牡丹花罗背心

R 239
G 228
B 218

R 231
G 196
B 164

R 111
G 127
B 157

图3-112　花卉绫丝锦裙

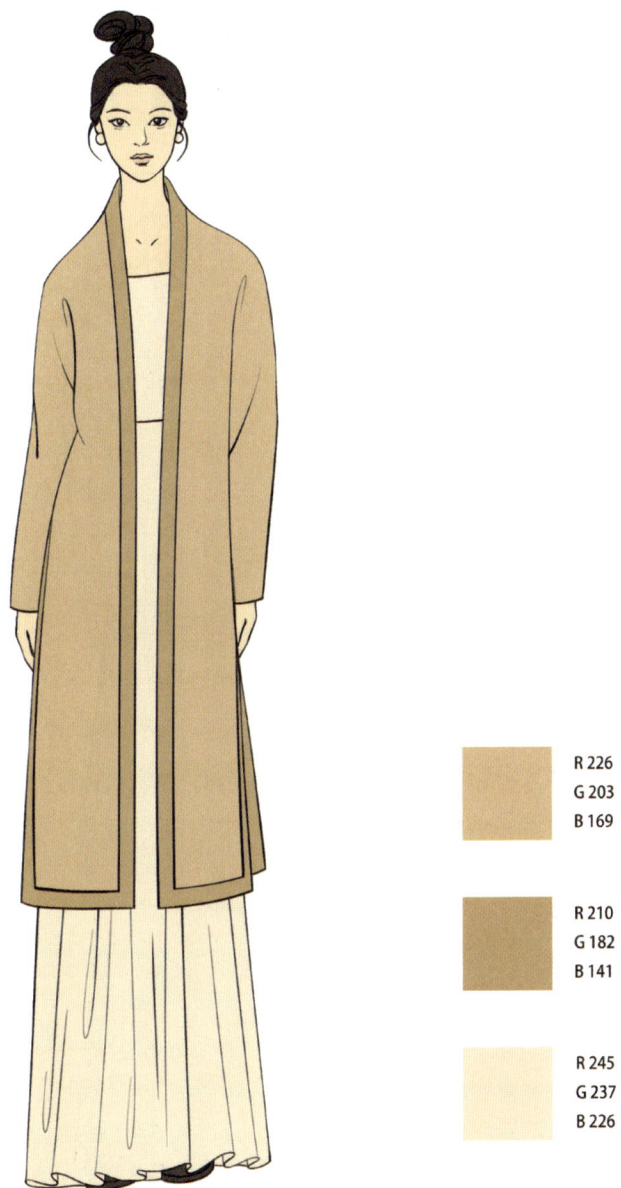

R 226
G 203
B 169

R 210
G 182
B 141

R 245
G 237
B 226

图3-113　瑶台步月图（一）

图3-114　瑶台步月图（二）

R 210
G 182
B 141

R 193
G 65
B 68

R 245
G 237
B 226

图3-115 《歌乐图卷》中的女性服饰

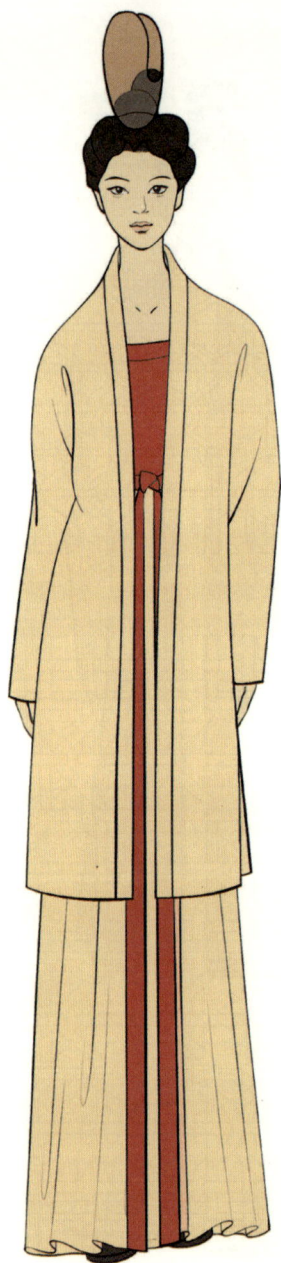

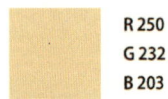

R 250
G 232
B 203

R 217
G 82
B 82

图3-116　招凉仕女图（一）

图3-117　招凉仕女图（二）

R 228
G 183
B 153

R 255
G 233
B 219

R 201
G 196
B 166

R 242
G 233
B 215

R 255
G 250
B 238

R 232
G 217
B 194

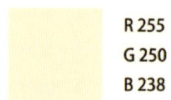

图3-118　北宋墓壁画中的女性服饰（一）

	R 245
	G 242
	B 235

	R 232
	G 217
	B 194

	R 242
	G 233
	B 215

	R 192
	G 92
	B 68

图 3-119　北宋墓壁画中的女性服饰（二）

图3-120　北宋墓壁画中的女性服饰（三）

R 151
G 175
B 161

R 245
G 242
B 235

R 242
G 233
B 215

R 192
G 92
B 68

R 232
G 221
B 203

R 192
G 67
B 49

R 224
G 167
B 156

图3-121　李守贵墓壁画中的女性服饰

	R 212 G 210 B 185
	R 207 G 67 B 68
	R 229 G 218 B 200
	R 243 G 235 B 223

图3-122 《蕉荫击球图》中的女性服饰

图3-123 《荷亭婴戏图》中的女性服饰

R 255
G 248
B 238

R 232
G 221
B 203

R 243
G 233
B 217

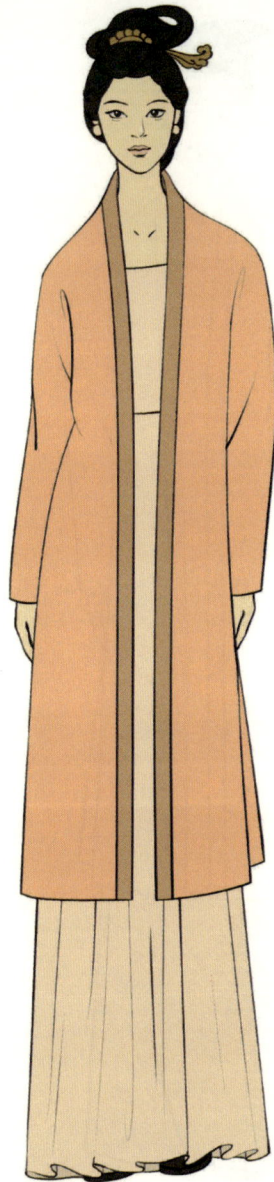

图3-124 《中兴瑞应图》中的女性服饰

（二）襦衫长裙、披帛束腰

　　此类服饰造型在色彩运用上，同样采用两三种核心色彩，其中浅绿、浅黄与浅粉最为常见。襦衫与长裙的色彩搭配既有上下同色系，也有不同色系，但至少半身采用浅色调。披帛或腰带则多选用与衣身色相接近的深色调或对比色，增加了服饰的线条与层次感。（图3-125至图3-138）

R 217
G 200
B 179

R 223
G 216
B 199

图3-125　写生花卉三丝罗合领夹衫

图3-126　靓妆仕女图

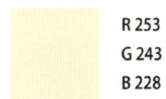

R 253
G 243
B 228

R 245
G 213
B 206

R 220
G 234
B 198

图3-127　女孝经图（一）

R 254
G 254
B 242

R 173
G 188
B 196

R 237
G 174
B 169

图3-128 女孝经图（二）

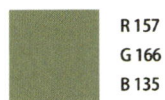

R 157
G 166
B 135

R 254
G 250
B 241

R 255
G 251
B 240

R 157
G 166
B 135

R 207
G 126
B 96

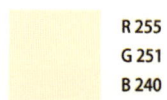

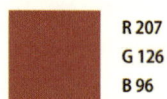

图3-129 女孝经图（三）

	R 255 G 233 B 214
	R 232 G 189 B 153

图3-130　女孝经图（四）

R 242
G 170
B 154

R 255
G 235
B 218

R 188
G 67
B 67

R 255
G 225
B 198

图3-131　盥手观花图

R 197
G 105
B 87

R 246
G 240
B 224

R 188
G 212
B 185

图3-132　宫女图（一）

R 246
G 240
B 224

R 234
G 208
B 185

R 188
G 212
B 185

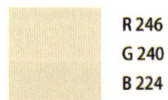

图3-133　宫女图（二）

R 253
G 240
B 214

R 240
G 225
B 195

R 188
G 212
B 185

R 160
G 111
B 104

图3-134　妃子浴儿图

R 210
G 215
B 193

R 160
G 179
B 160

R 243
G 228
B 205

图3-135　飞阁延风图

R 229
G 167
B 145

R 116
G 147
B 179

R 255
G 234
B 222

R 247
G 221
B 209

图3-136　听阮图

R 222
G 84
B 77

R 244
G 236
B 223

R 158
G 187
B 157

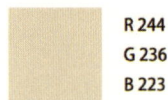

图3-137　绣枕晓镜图（一）

R 255
G 247
B 236

R 196
G 222
B 201

R 124
G 174
B 122

图3-138 绣枕晓镜图（二）

五、灵动简约的饰品

优雅的女性服饰常搭配精巧的饰品，它们共同构成了优雅的风尚。这些配饰主要包括冠饰、发饰、首饰配饰、鞋履等。

（一）冠饰与发饰

冠饰是礼仪规范的外在展现，与优雅的服饰相搭配。宋代贵族女性佩戴的冠饰种类多样，其中高冠、花冠、珠冠、白角冠、团冠、弹肩等式样尤为流行。由此可见，在宋代冠饰与珠宝的结合十分普遍，尤以珠饰冠冕在贵族女性间蔚然成风。除却惯用的金银珠翠，宫廷内更采用珍贵的象牙、玳瑁等材料制作冠饰，其工艺之精细，令人赞叹。（图3-139至图3-143）

宋代女子常将头发归拢，甚至在其中加入一定的假发，盘绕成各式发髻，发髻或对称于顶，或偏于一侧，呈现出优美的曲线，能够拉长视觉线条，凸显脖颈之美。发饰配以金银珠翠，展现了女性的优雅风范。发饰的类型较为多样，主要有高耸的朝天髻、椭圆形的芭蕉髻、两股盘发的双蟠髻、五围而成的大盘髻、三围的小盘髻、扁平的盘福髻、向下弯曲的懒梳髻、高盘头顶的少女双髻等。（图3-144至图3-151）

图3-139　高冠

图3-140　花冠

图3-141　珠冠

图3-142　白角冠

图3-143　团冠

图3-144　朝天髻

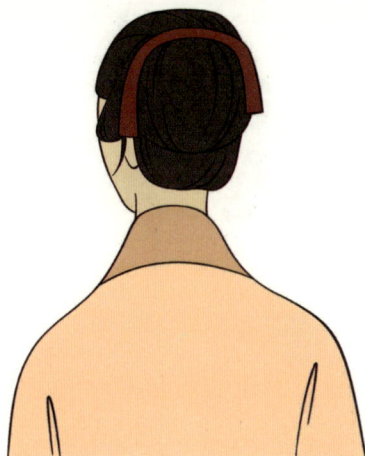

图3-145　芭蕉髻

图3-146　双蟠髻

图3-147　大盘髻

图3-148　小盘髻

174

图3-149　福盘髻

图3-150　懒梳髻

图3-151　双鬟

（二）首饰配饰

宋代贵族女性佩戴的首饰配饰主要包括发饰、耳饰、颈饰、腕饰和腰佩。首饰配饰中的发饰指与发鬟搭配的金银珠翠等，涵盖了金银玉钗、玻璃簪、金银步摇及银梳篦等，造型简练，制作考究，精致优雅。镂花金簪，花鸟浮雕栩栩如生，从橄榄形簪头到簪尾逐渐收细，曲线流畅；双股玉钗，弯钩形搭配渐窄的钗尾，以流畅的线条诠释着优雅；浮雕金耳环，呈左右对称的月牙形，造型连贯；颈饰，吊坠自然垂落，轻巧灵动；银镯，两端收细留有缺口，可灵活调整松紧；腰佩，常以布帛为基，搭配玉佩、绣囊、流苏，灵动飘逸。（图3-152至图3-161）

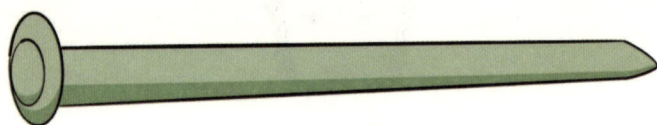

图3-152　玻璃簪

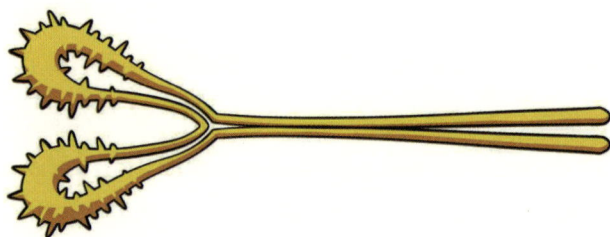

图3-153　金钗

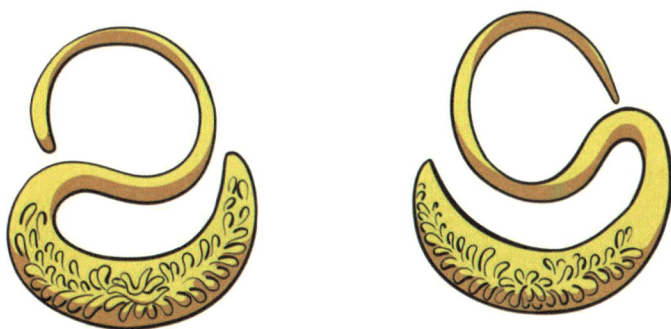

图3-154　金耳环

图3-155　金绶带

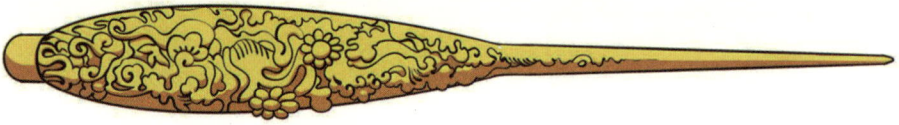

图3-156　金簪

图3-157　银梳

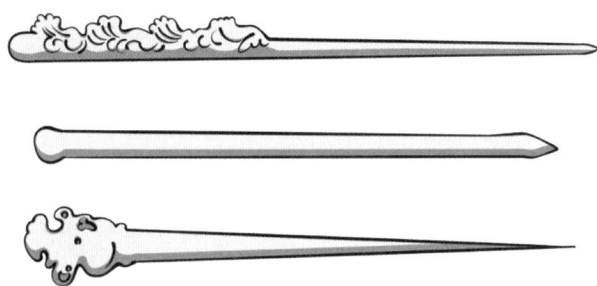

图3-158　银簪

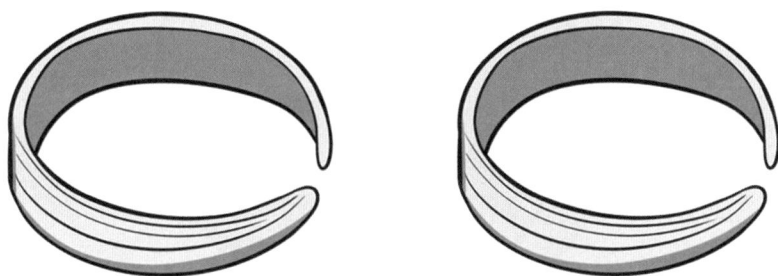

图3-159　银镯

图3-160　玉钗

图3-161　玉玦

（三）鞋履

宋代贵族女性的鞋履十分精巧，鞋头尖翘，鞋面施加精美的刺绣，给人以轻盈灵动的感受，与优雅的服饰搭配，整体造型的重心分布均衡，在视觉上具有拉长身形的效果。（图3-162至图3-164）

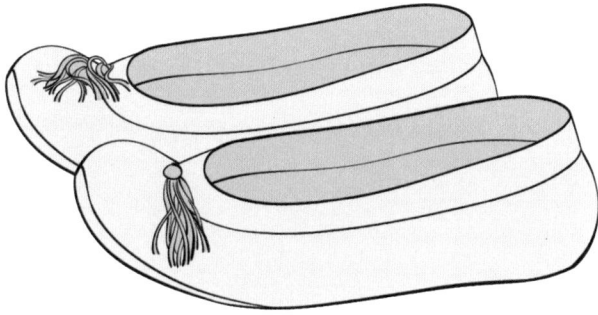

图3-162　南宋女鞋

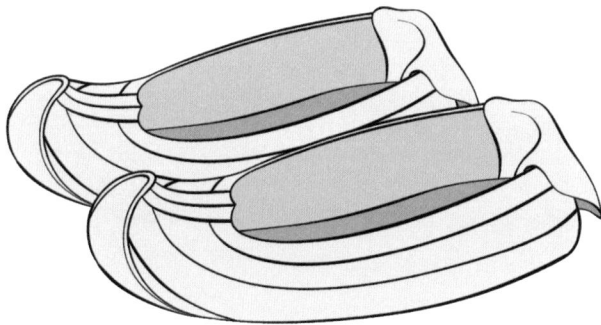

图3-163　小头绫鞋

182

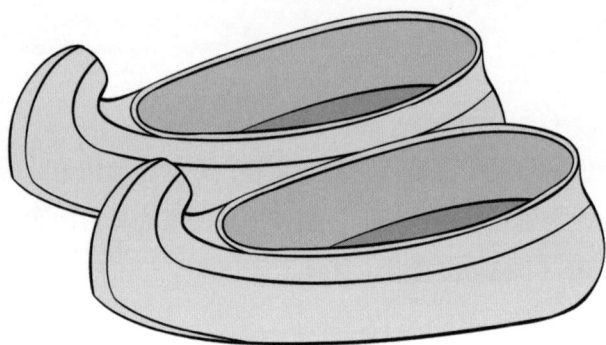

图3-164　绣花女鞋

六、恰到好处的姿态

一个举止优雅的人，言谈是通情达理与善解人意的。优雅的姿态，实则是人性柔的外化，这种柔并非弱，而是一种深刻的人文关怀，其核心是仁爱。在行为举止中，体现为个体对同类及自然界的敬意与尊重。而言行姿态合乎礼义，就会自然流露出优雅的气质 —— 理想的品格。

在服饰中，优雅的姿态体现在对服饰礼仪的遵循，服饰制度在一定程度上对人们的举止行为起到了规范和约束作用，要求人的动作姿态保持适度，不宜过分张扬。服饰需与其身份地位、文化背景及个人品行相契合，尤其是对于士人而言，服饰成了衡量其是否具备君子品德的外在标准之一。

在饮食中，优雅的姿态体现在对食物的尊重、考虑他人的感受，中国的饮食文化与人的道德品行紧密相连，强调德行的文明。饮食的过程应避免争抢，不当众剔牙，不发出咀嚼声。在参加宴会时，按照席位次序就座，遵循献酒与回敬的礼仪，体现人的礼貌与教养。

在言行中，优雅的姿态，体现在谦和的态度、从容不迫的风度，优雅的言行与情态相关联，与人交流时，不急躁、不冲动，让他人感到舒适和安心，优雅是安适的、心情愉悦的、脚步缓慢的，优雅的言行营造出和谐舒适的氛围。

优雅的传承
文化的生产与传播

优雅的艺术风格提供了一种理想的审美境界。优雅风格体现着文化的连续性，其在当下的创新与发展是文化精髓的延续，更是中华美学精神与文化符号的重要体现，优雅风格的生产与传播不仅丰富了人们的精神生活，更使世人逐渐认识优雅的文明。

一、优雅风格服饰应用示范

一、应用示范

依据优雅风格的审美标准，笔者绘制了优雅风格服饰的创新应用效果图示范，以供参考。（图4-1至图4-20）

穿枝大理花纹

R 208
G 136
B 114

R 215
G 98
B 68

R 132
G 13
B 10

R 235
G 220
B 201

图4-1　应用示范（一）

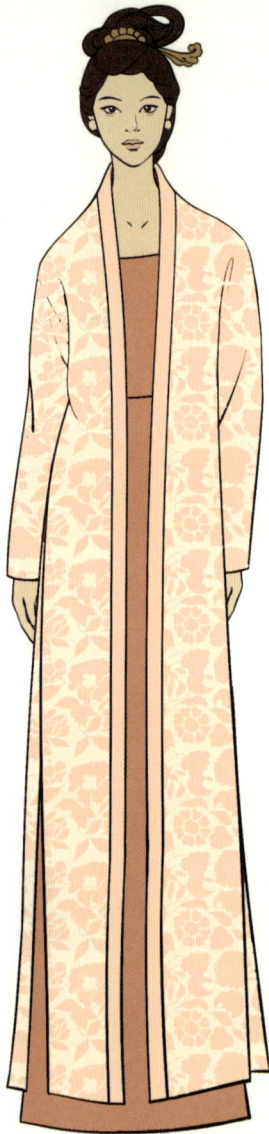

牡丹芙蓉荷梅纹

	R 254
	G 250
	B 241

	R 255
	G 234
	B 222

	R 229
	G 167
	B 145

图4-2 应用示范（二）

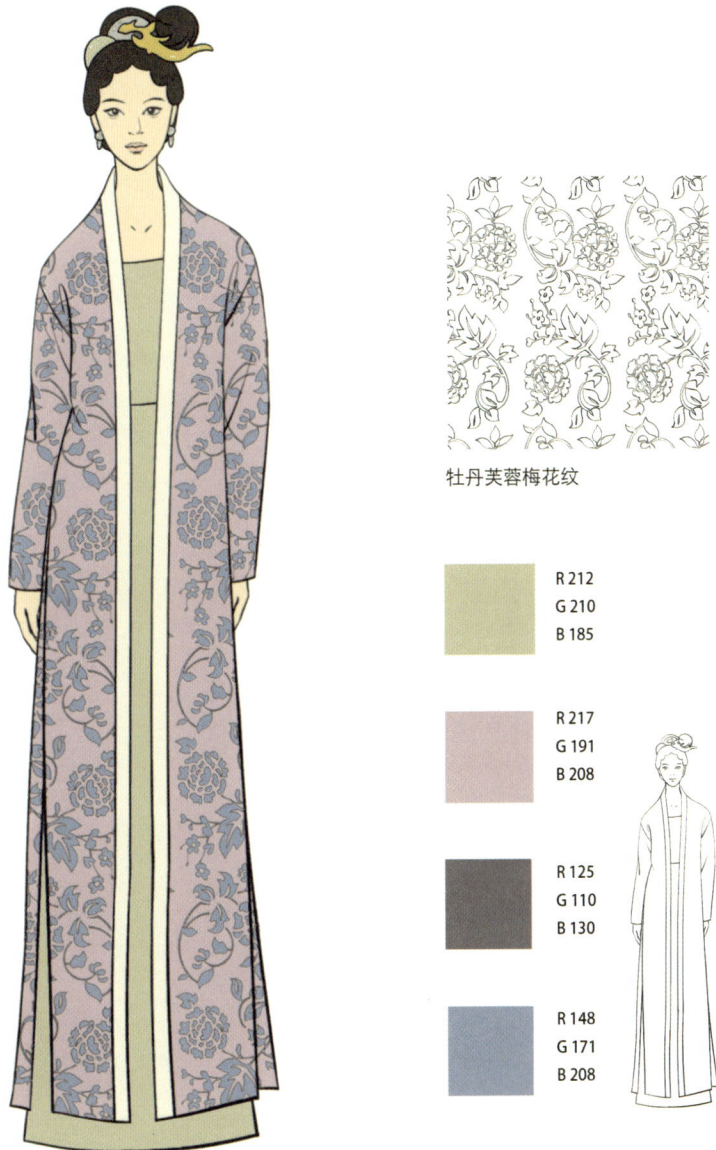

牡丹芙蓉梅花纹

R 212
G 210
B 185

R 217
G 191
B 208

R 125
G 110
B 130

R 148
G 171
B 208

图4-3　应用示范（三）

荷菊花边

牡丹芙蓉纹

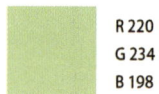

R 220
G 234
B 198

R 243
G 235
B 223

R 173
G 188
B 196

R 84
G 97
B 127

图4-4　应用示范（四）

花中套花式穿枝牡丹纹

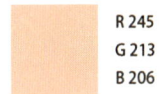

	R 245
	G 213
	B 206

	R 223
	G 152
	B 133

	R 205
	G 139
	B 117

	R 207
	G 126
	B 96

图4-5　应用示范（五）

荷菊花边

牡丹海棠花纹

R 234
G 208
B 185

R 220
G 179
B 155

R 142
G 144
B 94

R 254
G 250
B 241

图4-6　应用示范（六）

双凤穿牡丹纹

R 157
G 166
B 135

R 116
G 147
B 179

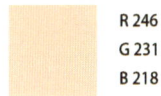

R 246
G 231
B 218

图4-7 应用示范（七）

芍药璎珞花边

牡丹芙蓉荷梅纹

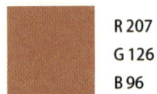

R 207
G 126
B 96

R 220
G 179
B 155

R 246
G 203
B 178

R 246
G 231
B 218

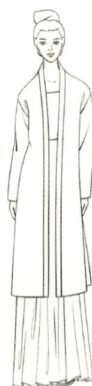

图4-8 应用示范（八）

蔷薇山茶纹

R 165
G 185
B 203

R 130
G 166
B 188

R 232
G 189
B 153

R 255
G 233
B 214

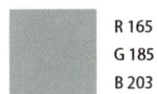

图4-9 应用示范（九）

海棠锦葵鹿狮花边

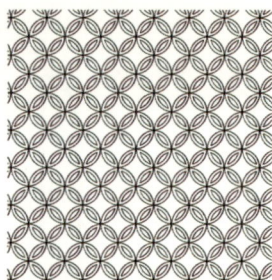

连钱纹

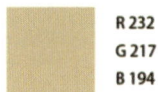

R 232
G 217
B 194

R 242
G 233
B 215

R 136
G 116
B 133

R 173
G 78
B 56

图4-10　应用示范（十）

龟背纹

双凤穿牡丹纹

R 286
G 58
B 45

R 228
G 183
B 153

R 169
G 149
B 173

R 187
G 184
B 195

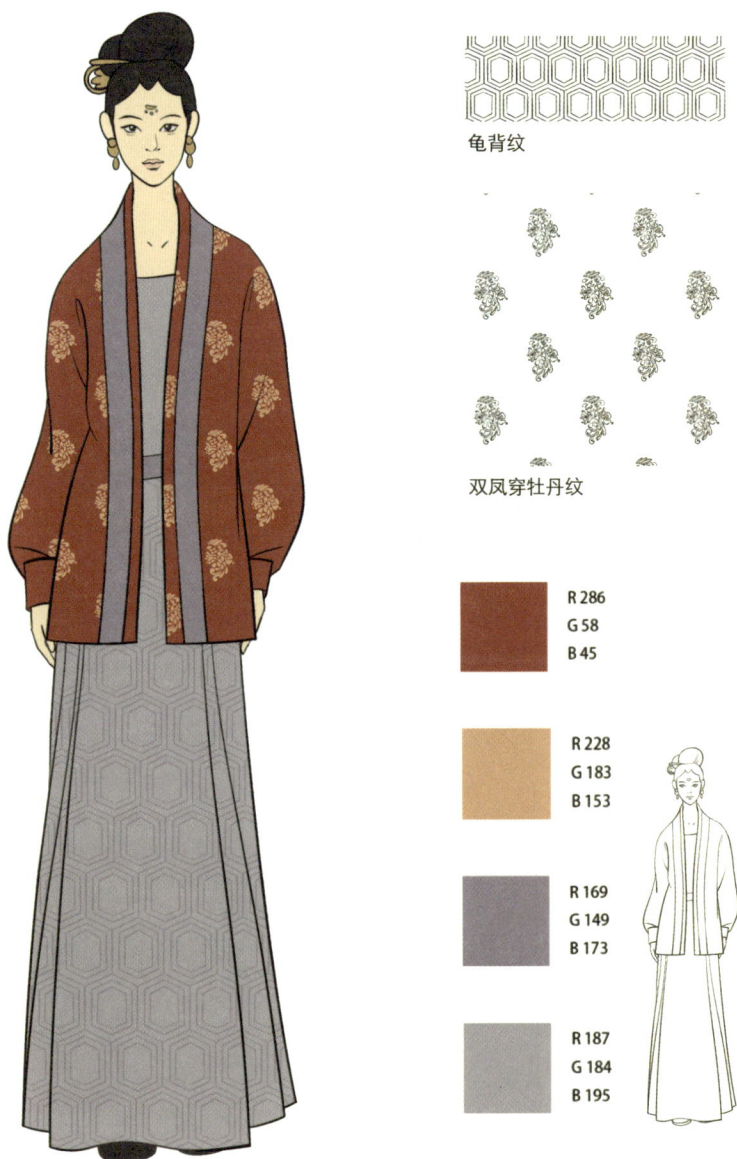

图4-11　应用示范（十一）

工字纹

R 242
G 233
B 215

R 212
G 210
B 185

R 232
G 191
B 166

R 191
G 92
B 71

图4-12　应用示范（十二）

芍药璎珞花边

牡丹海棠梅花纹

	R 246
	G 231
	B 218

	R 232
	G 217
	B 194

	R 188
	G 212
	B 185

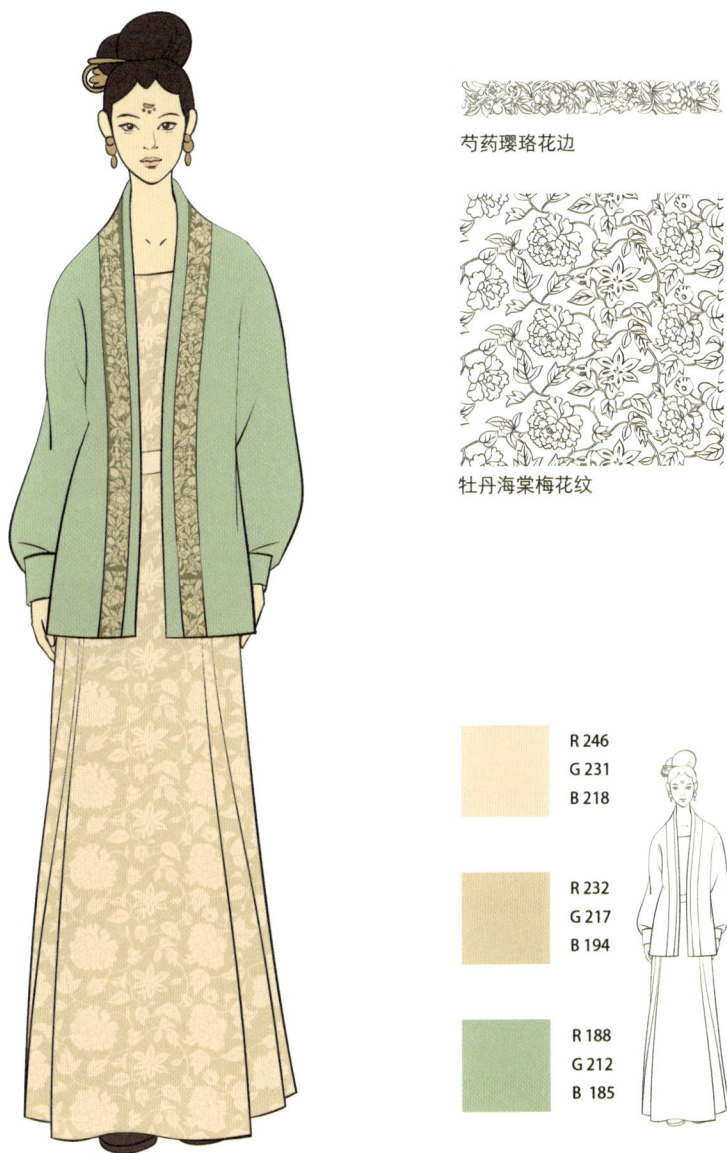

图4-13　应用示范（十三）

梅花彩球纹

R 188
G 64
B 51

R 234
G 177
B 124

R 246
G 231
B 218

R 229
G 167
B 145

图4-14　应用示范（十四）

牡丹芙蓉山茶花边

牡丹纹

	R 244 G 236 B 222
	R 220 G 234 B 198
	R 172 G 187 B 196
	R 115 G 146 B 178

图4-15　应用示范（十五）

白菊花边

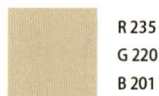

梅花字纹

R 235
G 220
B 201

R 116
G 147
B 179

R 254
G 250
B 241

R 255
G 234
B 222

图4-16　应用示范（十六）

白菊纹花边

连钱纹

R 255
G 234
B 222

R 229
G 167
B 148

R 246
G 203
B 178

R 141
G 58
B 46

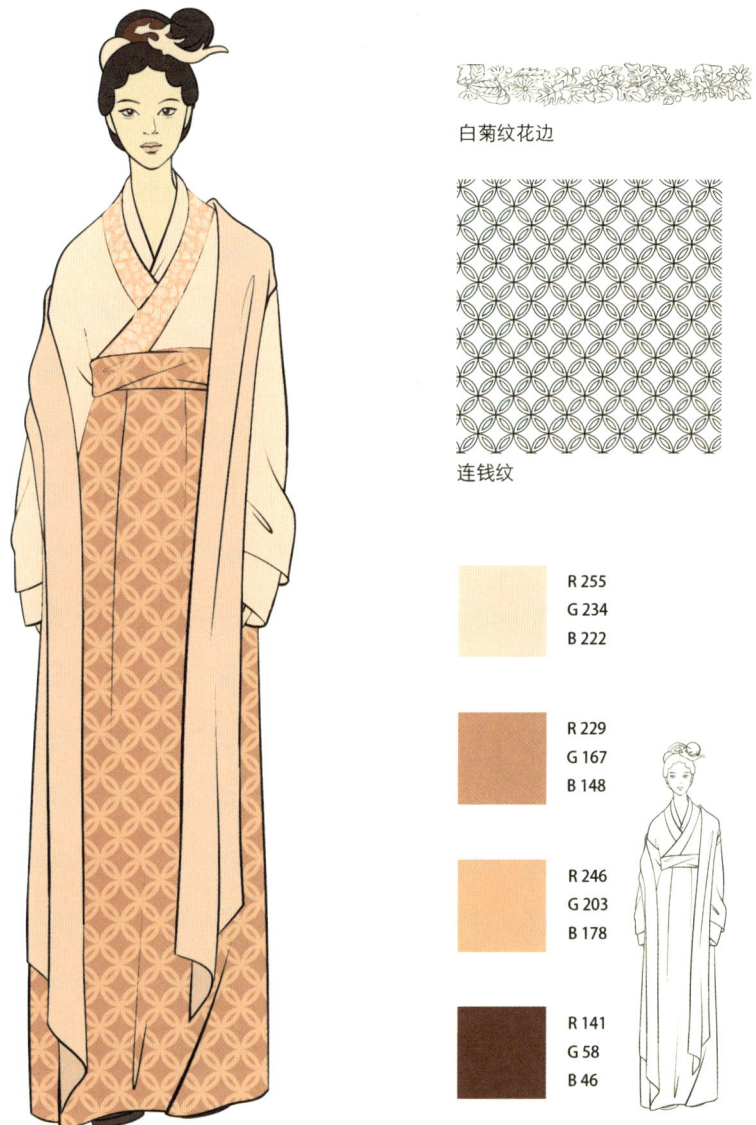

图4-17　应用示范（十七）

白菊花边

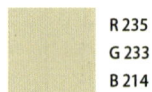

缠枝牡丹纹

R 235
G 233
B 214

R 202
G 220
B 205

R 213
G 136
B 39

R 232
G 175
B 156

图4-18 应用示范（十八）

牡丹海棠花纹

R 246
G 240
B 224

R 234
G 208
B 185

R 188
G 212
B 185

R 151
G 175
B 161

图4-19 应用示范（十九）

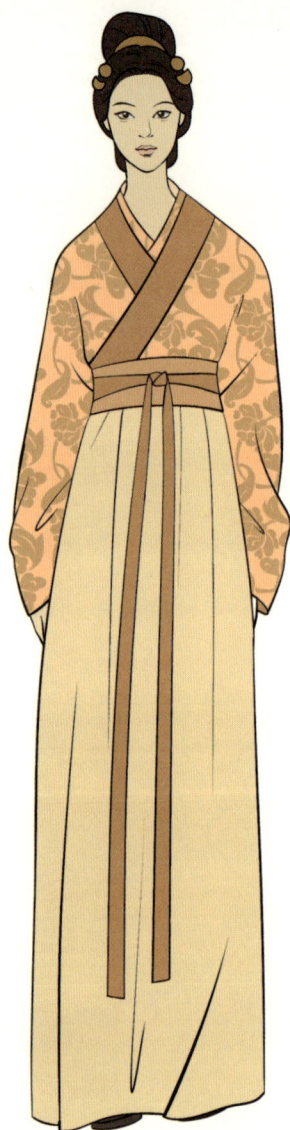

牡丹纹

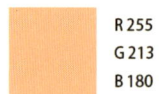

R 255
G 213
B 180

R 226
G 185
B 142

R 215
G 162
B 118

R 198
G 154
B 93

图4-20 应用示范（二十）

二、优雅文明的传播

（一）坚守优雅风格

优雅作为文化之精髓，不仅是文化身份重建的基石，更是实现文化主体性的关键。文化精髓的提炼，是时代赋予我们的使命与责任，对于文化的多样性与人类文明的进步具有重要意义。坚守优雅风格，立足于民族与国家的命运高度，将其作为守正创新的价值内核，精练地表达中华文明的连续性和时代性，深情地关怀历史的积淀，勇敢地拥抱现实的挑战与未来的期盼。

中华服饰文明的传承发展之路，应秉持优雅的指导原则进行创新，以其为标准来创造优雅风格的形式，不断坚持优雅的风格，持续代际传承。文化符号的提炼有助于文化的广泛传播。在传播学领域，信息的传播是文化传承最根本的基础，信息的流通实质上是一个说服性的历程，即"传播 — 接收 — 理解 — 信服 — 新立场 — 行为"。信息的接受者在历经这些阶段后，态度往往会发生显著变化。这种转变的核心依赖于信息的处理方式，经过处理的高精度的信息能达成最佳效果，尤其是在短时间内频繁接触到的具有代表性、高质量的观点，能令大众迅速接收。那些标志性的、反复出现的信息，具有强大的传播效力。因此，我们要坚守优雅风格，不断地重复其核心价值，使优雅的文明深入人心。

（二）数字化传播

数字化引领信息时代步入新的阶段。随着互联网的广泛渗透、全球化进程的加深，以及虚拟现实交互的勃兴，文化的表达方式与传播框架正经历新一轮变革，这也为民族服饰文化的传承与发展提供了新的机遇。优雅风格的数字化传播是提升文化话语权的关键路径。数字化赋予了信息统一的存储格式，使其能够长期储存，数字格式的标准化使得民族服饰文化的资源便于更新与优化，也促进了生产方式的非标准化，减少资源的浪费。数字化传播凭借其全球性覆盖和即时高效的特性，以及互联网多点互联所带来的普及化架构，呈现出去中心化的传播特点，颠覆了传统大众传播中自上而下的层级结构，不仅增强了传播效能，还促进了传播方式的多元化，为民族服饰文化的话语权重构提供了可能。

优雅风格的传播，首先应构建数字化形态的范本，提升对优雅文化核心特征的辨识度，为民族服饰文化产业的设计创新提供一定的参照。涵盖优雅风格的史实记载和文学创作等文本内容、实物拍摄、模拟复原的高清晰度影像资料，以及基于史实构建的优雅风格数字化范本，包含款式及图案矢量图、服装结构图、色彩效果图等，从二维到三维多维度地呈现优雅的风貌。

优雅风格的数字化资源是文化传播的基石。其传播的路径与方法应以如下作为基本要求：其一，将优雅风格数字化资源与国际传播媒介链接，促进全球范围内对优雅文化的认知与互动，提升中国文化精髓的国际影响力。其二，采用通俗易懂、寓教于乐的形式，将优雅的民族服饰文化普及至大众日常生活。其三，将优雅风格与民族服饰文化产业紧密协同，通过数字化平台共享优雅风格的范本，引导产业从形式生产向文化再生产转型，以文化带动产业效能，实现民族服饰文化的健康可持续的发展。

结语

　　优雅文明的研究在中华民族服饰文化领域是一个具有开创性的课题，对文化的传承与传播、产业的创新发展、服装与服饰设计教育有着重要的意义。

　　坚持中华民族服饰文化的主体性立场，挖掘其传承发展的内在规律，是促进优秀传统文化价值创新的使命和责任。本书阐述了中华民族服饰文化的美学价值核心问题，即设计创新需坚守优雅的美学品格，以期通过这种方式传承文化的精髓，使其持续创造新的价值。文化的传播应秉持鲜明的文化符号，优雅形象的塑造是文化主体意识回归的重要基石。树立国家审美范式，不仅是我们个体寻找精神归属的一种方式，更是提升中华文明国际影响力的必然要求。在信息时代背景下，数字化正驱动民族服饰文化在生产与传播的多个维度实现创新性发展，优雅风格的数字化范本资源将有助于在全球范围内传承和传播优雅的文明。

　　本书抛砖引玉，期许通过对宋代女性服饰艺术的细腻描绘，呈现优雅文明的基本风貌，为设计创新提供丰富的图像资源。以优雅为守正创新的根本，将激发民族文化的生命力和中国文化的自我意识，从而创造新的价值、涌现新的形式。

　　在本书撰写完成之际，衷心感谢中央民族大学博士生导师李洁教授的慷慨赐教与奉献，对本书给予了莫大的支持。衷心感谢我的博士导师清华大学肖文陵教授的谆谆教诲与悉心栽培，导师的言传身教使我终生受益，铭感于心。衷心感谢清华大学美术学院研究生王云锦，对相关宋代女性服饰的文献及图像资料进行了搜集与整理，使本书的研究工作更加充分。衷心感谢中央民族大学出版社，本书得以顺利出版，并以精致的面貌呈现于读者。衷心感谢故宫博物院、中国国家博物馆及中央民族大学图书馆，其丰富的学术资源对笔者的研究及本书的内容起到重要支撑作用。衷心感谢学院领导与系里老师们的支持，优质的学术环境与氛围，使我能够集中精力完成本书的写作。该书的出版，本人深感荣幸，并再次致以最诚挚的谢意。